El gran libro de

LOS JUEGOS OLÍMPICOS

zahorí
BOOKS

SUMARIO

1912
ESTOCOLMO
Suecia
p. 16

1916
BERLÍN
Imperio Alemán
CANCELADOS
p. 18

1920
AMBERES
Bélgica
p. 20

1924
PARÍS
Francia
p. 22

1928
ÁMSTERDAM
Países Bajos
p. 24

1932
LOS ÁNGELES
Estados Unidos
p. 26

1936
BERLÍN
Alemania
p. 28

1940
HELSINKI
Finlandia
CANCELADOS
p. 30

1944
LONDRES
Reino Unido
CANCELADOS
p. 32

1984
LOS ÁNGELES
Estados Unidos
p. 52

1988
SEÚL
Corea del Sur
p. 54

1992
BARCELONA
España
p. 56

1996
ATLANTA
Estados Unidos
p. 58

2000
SÍDNEY
Australia
p. 60

2004
ATENAS
Grecia
p. 62

2008
PEKÍN
China
p. 64

2012
LONDRES
Reino Unido
p. 66

2016
RÍO DE JANEIRO
Brasil
p. 68

GRANDES LEYENDAS

DE LOS JUEGOS OLÍMPICOS

Países con más medallas:*

EE. UU. – 2.629 medallas	1.061	830	738
URSS – 1.010 medallas	395	319	296
Reino Unido – 916 medallas	284	318	314

Deportista más laureado:

Michael Phelps (EE. UU.), natación – 28	23	3	2

*Hasta Tokio 2020

PAAVO NURMI

1920–1928

9 3 0

Para entrenarse, el legendario fondista finlandés Paavo Nurmi corría cada día 3 km con una carga de 30 kg en la espalda e incluso competía en velocidad con trenes en movimiento. Nurmi se distinguía por correr con un cronómetro, que tiraba antes de la última vuelta.
En París 1924 ganó 5 medallas de oro —y no pudo optar a vencer en los 10.000 m porque los responsables del equipo finlandés de atletismo no le permitieron presentarse.

RAY EWRY

1900–1908

8 0 0

El campeón olímpico Ray Ewry nunca podrá ser superado: las pruebas en las que ganó ya no forman parte del programa olímpico. El atleta estadounidense ganó 8 medallas de oro: 3 veces (1900, 1904 y 1908) en salto de altura y en salto de longitud desde una posición estática y 2 veces (1900 y 1904) en salto triple desde posición estática. Esta última prueba fue eliminada del programa olímpico en 1908, y todos los saltos desde posición estática fueron suprimidos en 1912.

SAWAO KATO

1968–1976

8 3 1

En la escuela, Sawao Kato fue un excelente estudiante. Sin embargo, no mostró interés por el deporte hasta que se unió al equipo de gimnasia. En los Juegos de Múnich 1972, este gimnasta se convirtió en el primer japonés en obtener el oro olímpico en el concurso completo individual por segunda vez consecutiva. Su dedicación a la perfección de rutinas técnicas y el uso de métodos innovadores —como el entrenamiento en trampolín— lo llevaron a destacar en esta modalidad deportiva.

MARK SPITZ

1968–1972

9 1 1

Mark Spitz soñaba con ser dentista. Pero por suerte para su país, Estados Unidos, al final se convirtió en nadador. Spitz arrasó en los Juegos de Múnich 1972, donde ganó 7 oros y batió con sus triunfos 7 récords mundiales, una marca que no fue superada hasta el año 2008 por Michael Phelps en los Juegos de Pekín.

BIRGIT FISCHER

1980, 1988–2004

8 4 0

La excepcional kayakista alemana fue capaz de ganar medallas en 6 ediciones distintas de los Juegos Olímpicos. Birgit Fischer demostró que es posible armonizar el deporte con la vida personal sin sacrificar el rendimiento. Además de sus logros deportivos, consiguió dos títulos académicos y es madre de dos hijos.

MICHAEL PHELPS

2000–2016

23 3 2

Es el nadador y el deportista olímpico más laureado de la historia. Niño hiperactivo, fue medallista olímpico 28 veces. Algunos dicen que el éxito de este nadador estadounidense se debe a su peculiar anatomía: calza un 47, tiene el torso alargado y una envergadura de los brazos de 203 cm, 10 cm más que su altura. Otros atribuyen su rendimiento a su dieta de 12.000 calorías al día.

JENNY THOMPSON

1992–2004

8 3 1

Como una verdadera deportista de equipo, esta nadadora estadounidense ganó todas sus medallas de oro en pruebas de relevos. Al terminar su carrera deportiva, Thompson se convirtió en anestesióloga y cirujana, pero siguió vinculada al deporte participando en eventos benéficos de natación y apoyando a su equipo en los Juegos Olímpicos.

LARISA LATYNINA

1956–1964

9 5 4

Extraordinaria gimnasta de la URSS, la futura campeona olímpica comenzó como bailarina. Fue la primera mujer en ganar 9 medallas de oro olímpicas. En los Juegos de Melbourne de 1956 logró 4 medallas de oro, 1 de plata y 1 de bronce, y siguió cosechando éxitos en Roma 1960 y Tokio 1964. En las tres ediciones olímpicas se alzó con el oro en suelo.

CARL LEWIS

1984–1996

9 1 0

El COI nombró a Lewis como el mejor atleta del siglo xx. El estadounidense ganó el salto de longitud en 4 ediciones consecutivas de los Juegos y repitió la hazaña de su ídolo, Jesse Owens, al obtener 4 medallas de oro en una Olimpiada. Lewis también actuó en varias películas y hasta se presentó como candidato al Senado por Nueva Jersey, aunque posteriormente retiró su candidatura.

USAIN BOLT

2004–2016

8 0 0

Leyenda olímpica, este atleta jamaicano suma 8 medallas de oro entre los Juegos Olímpicos de Pekín 2008, de Londres 2012 y de Río 2016. Posee los récords mundiales actuales en los 100 m (9,58 segundos), 200 m (19,19 segundos) y relevos de 4 x 100 m (36,84 segundos). El velocista ha registrado su pose de rayo característica como marca comercial. Su leyenda fue inmortalizada en el documental *I Am Bolt* y en su autobiografía, donde relata su camino hacia la gloria.

MATT BIONDI

1984–1992

8 2 1

Biondi es otro de los grandes nadadores estadounidenses y de la historia. Sus mejores Juegos Olímpicos fueron los de Seúl 1988, en los que consiguió 5 medallas de oro, 1 de plata y 1 de bronce, además de batir 4 récords mundiales. Su compromiso con la educación le llevó a ejercer como profesor de matemáticas y entrenador de natación.

OLIMPIA

GRECIA ANTIGUA, 776 a.C. - 393 d.C.

Los Juegos Olímpicos toman su nombre de Olimpia, un antiguo lugar de culto dedicado a Zeus —el dios del trueno y soberano de las divinidades— en la Grecia antigua. Al principio, esta competición se ofrecía como homenaje a los dioses y exaltaba las habilidades físicas humanas. En esa época, los Juegos Olímpicos interrumpían guerras y fomentaban la unidad entre los diferentes pueblos. Hoy, se han transformado en un acontecimiento global que capta la atención de espectadores de todo el mundo. Pero hay una tradición que no se ha perdido: el fuego sagrado. Antiguamente, se mantenía una llama perpetua frente al santuario de Zeus en Olimpia; en el presente, el encendido de la antorcha olímpica marca el inicio de los Juegos modernos.

JUEGOS PANHELÉNICOS

Además de las competiciones de Olimpia en honor a Zeus existían en la Grecia antigua otros Juegos abiertos a todos los helenos: los Píticos, los Ístmicos y los Nemeos. Estos eventos deportivos unieron culturalmente a las ciudades-Estado griegas, a menudo en guerra entre sí

EN HONOR A ZEUS

Dice la leyenda que Heracles —Hércules para los romanos— fundó los Juegos Olímpicos en honor a su padre, el dios Zeus. Según la tradición, las primeras competiciones tuvieron lugar en el 776 a.C. y se celebraron a lo largo de más de un milenio, cada 4 años, en los meses de verano.

Lugar: Olimpia (antigua Grecia), en la península del Peloponeso.

Deportes principales: carreras, lucha, pugilato (boxeo), pancracio (una mezcla de lucha y pugilato), carreras de carros y pentatlón.

Premios: una corona de olivo y el derecho a tener una estatua en Olimpia.

Vencedores: había un solo ganador en cada prueba, no 3 medallistas.

Atletas famosos: Orsipo de Megara, el primero en correr desnudo; Polidamas de Escotusa, célebre por su fuerza descomunal; el corredor Leónidas de Rodas, que ganó 12 coronas olímpicas y nunca fue igualado; Alejandro I, el hijo de Amintas, rey de Macedonia....

SIN MUJERES

Durante los Juegos Olímpicos únicamente los hombres tenían derecho a participar o asistir a las competiciones. Las mujeres adultas de Olimpia que desafiaban esta norma corrían el riesgo de ser condenadas a la pena capital. Sin embargo, existían excepciones para las sacerdotisas del templo de la diosa Deméter, y la ciudad celebraba los Juegos de Hera, exclusivamente femeninos.

NO SOLO DEPORTISTAS

En las Olimpiadas de la Grecia antigua el deporte y la cultura iban de la mano. La competición atraía también a escritores y pensadores de Olimpia y de otras ciudades helenas. Platón, Heródoto y Pausanias son algunos de los ilustres nombres que nos han ayudado a conocer el papel de los Juegos antiguos en sus obras.

1.500 AÑOS SIN JUEGOS OLÍMPICOS

Aunque en el 146 a.C. se completó la conquista romana de Grecia, los Juegos Olímpicos continuaron celebrándose con apenas algunos cambios. Sin embargo, tras la adopción del cristianismo como religión oficial del Imperio romano, en el año 393 d.C. el emperador Teodosio I prohibió todas las celebraciones paganas, entre ellas los Juegos.

HOY CAMPESINO, MAÑANA ATLETA

Las primeras competiciones se llevaban a cabo no en un recinto, sino en un campo cercano a la ciudad de Olimpia, que se sembraba con trigo durante el paréntesis olímpico. Con la creciente popularidad de los Juegos, se construyó en ese lugar un gran estadio, con capacidad para unos 40.000 espectadores.

TREGUA OLÍMPICA

En un mundo asolado por las guerras, se decidió que durante los Juegos Olímpicos —celebración religiosa de gran relevancia— se produciría un paréntesis de las acciones bélicas, un cese de hostilidades entre los griegos.

ESCASA REGLAMENTACIÓN

Los Juegos Olímpicos antiguos tenían pocas reglas. Una de ellas era la prohibición de que los boxeadores golpearan a sus oponentes en la ingle. Los atletas competían desnudos y un golpe en ese punto era una forma rápida, pero en ningún caso válida, de vencer al oponente.

SIN ROPA

En los Juegos del 724 a.C., Orsipo de Megara perdió sus ropas o se las quitó para ir más ligero durante una carrera de velocidad. ¡Y venció! En 720 a.C., fue Acanto el Lacedemonio, ganador en 2 de las 3 pruebas existentes, quien corrió desnudo. A partir de ahí los atletas empezaron a competir sin ropa.

PUEDES APLAZAR LA GUERRA, PERO NO EL DEPORTE

En el año 480 a.C., las ciudades-Estado de la Hélade intentaron crear un ejército aliado para defenderse de los persas. Como muchos griegos optaron por ir a los Juegos Olímpicos, se presentaron menos personas al reclutamiento de lo que tenían previsto los comandantes griegos.

EQUILIBRIO SOLAR

Los Juegos Olímpicos se celebraban cada 4 años en la primera luna llena después del solsticio de verano. Originariamente duraban solo 5 días, con una jornada dedicada a la competición deportiva y las restantes a sacrificios religiosos y festines públicos.

LÁTIGO Y ZANAHORIA

No era fácil seguir la dieta de un atleta olímpico: tenía que comer tanta carne como le fuera posible —valía su peso en oro en aquellos tiempos— y beber mucho vino. Soportar los castigos olímpicos era peor: por la mínima ofensa, un atleta era golpeado severamente con un palo o multado. El dinero de las sanciones se destinaba a esculpir nuevas estatuas de bronce de Zeus.

LOS HONORES NUNCA SON DEMASIADOS

Los ganadores de los Juegos Olímpicos eran coronados, frente al templo de Zeus en Olimpia, con una corona hecha de ramas de olivo y una cinta de lana roja (que se llevaba en la parte superior del brazo o alrededor de la cabeza). Los vencedores regresaban a sus lugares de origen para ser recibidos con todos los honores.

MEJOR MORIR QUE PERDER

Cuando una competición de artes marciales se prolongaba demasiado, se pasaba a una nueva fase de la prueba: primero uno de los luchadores, y luego el otro, podían golpearse libremente sin restricciones, con el peligro que esto suponía para su vida. En este caso, el sorteo para decir quién golpeaba primero resultaba crucial.

¡LA PRIMERA MUJER EN GANAR!

Cinisca, hija de Arquidamo II, rey de la ciudad de Esparta, fue la primera mujer en intervenir y vencer en los Juegos de Olimpia. Lo hizo en los años 396 y 392 a.C. en la prueba de carreras de carros. Cinisca registró sus caballos en la competición y contrató a un jinete masculino para esquivar el veto a las mujeres. Además, como se condecoraba a los propietarios de los caballos y no a los jinetes o aurigas, pudo recibir el premio.

PLATÓN: FILÓSOFO Y ATLETA

Nacido en Atenas, Aristocles Prodos fue un excelente gimnasta. Su sobrenombre, Platón, significa «el de anchas espaldas». Participó en los Juegos Olímpicos en la modalidad de pancracio, una forma de lucha que tenía solo dos reglas: no arañar los ojos del oponente y no morderlo.

AFORTUNADO SI CORRES

Durante las 13 primeras ediciones de los Juegos Olímpicos, la única prueba que se celebraba era la carrera de velocidad (192 m). Más adelante, se añadieron otros tipos de carreras y también carreras de carros, pentatlón, lucha, pugilato...

CARRERA CON LA MUERTE

Según cuenta el historiador griego Heródoto en su obra *Historia* (s. v a.C.), en el año 490 a.C. el mensajero Filípides corrió más de 40 km desde la ciudad ática de Maratón hasta Atenas sin detenerse. Su misión era contar a los atenienses la noticia de que los griegos habían ganado la batalla contra los persas. Al llegar, solo pudo exclamar «¡Hemos ganado!» y cayó muerto del esfuerzo. En honor a su hazaña se creó la carrera de maratón en los Juegos Olímpicos modernos.

EL PRIMERO DE LOS MEJORES

El humilde panadero Corebo de Élide es el primer ganador documentado de los Juegos de Olimpia. Venció en la única prueba disputada en la primera edición de la competición: la carrera de velocidad o *stadion*. El récord de una saga familiar lo ostentan Diágoras de Rodas y sus tres hijos, vencedores todos en pugilato o pancracio.

ATENAS

GRECIA, 1896

Habían pasado más de 15 siglos desde su última edición, en el 393 d.C., cuando nació la idea de celebrar unos Juegos Olímpicos modernos. Fueron la visión y la dedicación del barón francés Pierre de Coubertin, padre del movimiento olímpico moderno, las que llevaron a la fundación del Comité Olímpico Internacional y a la recuperación de esta competición. Al principio, solo Grecia apoyó la idea. La mayoría de las naciones no vieron la necesidad de enviar sus delegaciones oficiales a Atenas 1896, por lo que los participantes de la primera edición de los Juegos Olímpicos de la era moderna fueron principalmente atletas locales, turistas y aficionados que asistían por iniciativa propia. No obstante, estos Juegos hicieron historia por reavivar una tradición milenaria.

País ganador:* EE. UU. – 20 | 11 | 7 | 2

* Se indican los puestos 1.°, 2.° y 3.°, si bien en Grecia 1896 se entregaron solo 2 medallas por prueba: plata para el primer clasificado y bronce para el segundo.

Atleta ganador:** Hermann Weingärtner (Alemania), gimnasia artística | 3 | 2 | 1

**Atleta con más medallas de oro. En caso de empate, atleta con más medallas.

Número de atletas y países: 241 atletas – 14 países

Número de deportes: 9 deportes – 43 competiciones

REFORMADOR Y SOÑADOR

A la edad de 25 años, Pierre de Coubertin inició una campaña para integrar la educación física dentro del programa de estudios escolares. Cuatro años más tarde, en una conferencia en La Sorbona de París, lanzó su propuesta de revivir los Juegos Olímpicos. La idea se convirtió en realidad en 1894, durante el Congreso Atlético Internacional, en París. Allí se decidió que Atenas fuera la sede de los primeros Juegos modernos.

EL DINERO NO SOBRA

Los griegos, ansiosos por revivir su antiguo esplendor, contribuyeron con 330.000 dracmas (equivalentes a unos 95.000 euros actuales) a la realización de los Juegos. Recaudaron otros 400.000 dracmas (unos 115.000 euros actuales) a través de la emisión de sellos y 200.000 más (unos 58.000 euros actuales) con la venta de entradas de las competiciones.

LAS MUJERES QUEDARON EXCLUIDAS

A pesar de que Pierre de Coubertin creía en el valor universal del deporte y afirmaba que «cada hombre, mujer y niño pueden encontrar algo para sí en los deportes olímpicos», en Atenas 1896 no se permitió la participación de las mujeres por única vez en la historia de los Juegos Olímpicos modernos.

GRECIA, CUNA DE LOS JUEGOS OLÍMPICOS

Finalizada la competición, varias figuras prominentes, incluido el rey Jorge I de Grecia, apelaron al COI para celebrar los futuros Juegos Olímpicos siempre en Atenas. Sin embargo, la edición de 1900 ya estaba programada para París y no volvieron a celebrarse allí hasta 2004, ¡108 años después!

UNA JOYA DE MÁRMOL

La generosidad del filántropo griego George Averoff fue abrumadora: el benefactor donó alrededor de 1 millón de dracmas (unos 287.000 euros actuales) para restaurar el Estadio Panathinaikó, el único estadio importante del mundo construido enteramente en mármol blanco. En su honor, se erigió un monumento en la entrada del recinto.

EL PRIMER MULTIMEDALLISTA

El gimnasta alemán Hermann Weingärtner ganó 6 medallas en Atenas: 3 de oro, 2 de plata y 1 de bronce. Fue el deportista que más obtuvo. El participante más exitoso de los primeros Juegos Olímpicos modernos falleció dos décadas más tarde al lanzarse al río Oder (Alemania) para salvar a un hombre que se estaba ahogando.

«¡VIVA LA NACIÓN! ¡VIVA EL PUEBLO GRIEGO!»

Así es como el rey Jorge I de Grecia concluyó la ceremonia de apertura de los Juegos Olímpicos de Atenas 1896 en el Día de la Independencia de Grecia (6 de abril). La organización del evento costó el triple de lo presupuestado, pese a que todavía no había honores especiales para los atletas ni Villa Olímpica.

NO IBA DESNUDO, PERO TAMBIÉN GANÓ

El corredor estadounidense Thomas Burke introdujo en las carreras una innovación tan revolucionaria como la del primer griego antiguo que corrió desnudo. En las pruebas de 100 m y 400 m, Burke partió con las dos manos apoyadas en el suelo, desconcertando por completo a los jueces. Pese a la sorpresa inicial, se permitió al atleta mantener esa posición «incómoda» de salida. Pronto esta técnica fue adoptada por todos los velocistas.

UN NUEVO DISCÓBOLO

A Robert Garrett, un lanzador de peso estadounidense, le sugirieron que se entrenara en el lanzamiento de disco, que iba a ser una de las modalidades deportivas de los recuperados Juegos Olímpicos. Artesanos de su país elaboraron un disco para que pudiera entrenar. Al final, este resultó pesar 5 veces más que el que se utilizaría en Atenas. Garrett, que tenía pocas esperanzas de ganar, se decidió a participar al ver que el disco de la competición era mucho más ligero que el suyo y, gracias también a una revolucionaria técnica de lanzamiento horizontal, ganó la medalla de oro.

¿ERA LA CUERDA GIMNASIA ARTÍSTICA?

Los primeros Juegos modernos fueron un campo de pruebas y errores: por razones conocidas solo por el barón de Coubertin, el programa de gimnasia incluyó escalada de cuerda, prueba en la que se valoraba la altura (máx. 14 m) y el tiempo, pero también el estilo. El griego Nikolaos Andriakopoulos ganó en esta modalidad deportiva.

¡ADELANTE, *AMATEURS*!

Coubertin creía que los Juegos Olímpicos debían ser una competición solo para *amateurs*, (deportistas) aficionados. Se hicieron excepciones con los maestros esgrimistas y los marineros de la Marina Real griega, que celebraron competiciones separadas, entre profesionales.

TODO EMPEZÓ EN GRECIA

Coubertin quería mostrar al mundo la conexión entre los deportes modernos y los antiguos. Por eso quiso que los primeros Juegos Olímpicos de la era moderna se celebraran en Grecia, si bien se eligió la capital, Atenas, en lugar de Olimpia, muy pequeña. La ceremonia de apertura contó con un himno olímpico, que fue adoptado oficialmente en 1958.

LOS «PRIMEROS» JUEGOS MODERNOS

La edición de 1896 marcó la primera restauración oficial de los Juegos Olímpicos antiguos. Sin embargo, antes de esta fecha hubo varios intentos de restablecerlos —en 1859, 1870, 1875 y 1888— financiados por los primos Konstantinos y Evangelos Zappas, filántropos que organizaron varios eventos atléticos bajo la etiqueta «olímpica».

¡NO VEO NADA!

Karl Schuhmann, gimnasta alemán, y Georgios Tsitas, luchador griego, se enfrentaron en la final de lucha, disciplina en la que aún no existían las categorías por peso. Pero el choque tuvo que interrumpirse 40 minutos después de empezar ¡porque estaba oscureciendo! Se reanudó al día siguiente y, 15 minutos después, Schuhmann sumaba un cuarto oro a los 3 que ya había ganado en gimnasia artística.

10 AÑOS Y 218 DÍAS

Esta es la edad que tenía el gimnasta griego Dimitrios Loundras, el deportista olímpico registrado más joven de la historia. Participó en la competición de barras paralelas por equipos, en la que Grecia obtuvo el tercer lugar.

SOLO DOS MEDALLAS

En Atenas 1896, los ganadores de las pruebas recibieron una medalla (¡de plata!) con la imagen de las deidades Zeus y Niké, una rama de olivo y un diploma. Los atletas que quedaron en el segundo puesto fueron premiados con una medalla de bronce o cobre, una rama de laurel y un certificado. Pero los que ocuparon la tercera posición no obtuvieron medalla, aunque sí que fueron registrados en las clasificaciones.

CAMPEÓN DE NATACIÓN Y SUPERVIVENCIA

Alfréd Hajós, un nadador húngaro de 18 años, ganó las carreras de 100 m y 1.200 m. Se celebraron en el mar, en medio de una tormenta y con el agua a 13 °C. El campeón más joven de Atenas 1896 admitió más tarde que su «voluntad de vivir» había superado por completo a «su deseo de ganar».

¡NADA COMO QUIERAS!

Hubo tres competiciones de natación (las pruebas de 100 m, 500 m y 1.200 m) para deportistas *amateurs*, que nadaron en pleno mar Mediterráneo. En estos primeros Juegos modernos no hubo división por estilos, por lo que todos los participantes nadaron como les apeteció.

MARATÓN CON REGALOS

En honor a Filípides, célebre corredor-mensajero de la Grecia antigua, se creó la carrera de maratón, todavía sin una distancia definitiva para la prueba. Casi la mitad de los participantes abandonaron la carrera por agotamiento. Para deleite de los atenienses, el griego Spiridon Louis ganó con 7 minutos de ventaja. Además de la medalla, recibió una copa, servicio gratuito de barbero y sastre, 10 vacas, 30 carneros y 1.000 kg de chocolate.

VALIÓ LA PENA

James Connolly, atleta estadounidense, era estudiante en la Universidad de Harvard. Deseaba participar en los Juegos, así que pidió permiso para ausentarse. Pero la Universidad se lo denegó. Entonces, Connolly optó por abandonar sus estudios y viajar a Grecia. La apuesta le salió bien, ya que se convirtió en el primer campeón olímpico de la era moderna, ganando el 6 de abril de 1896 en la competición de triple salto.

PARÍS

FRANCIA, 1900

«Los Juegos del caos», así denominó la prensa a los segundos Juegos Olímpicos de la era moderna. Esta vez, la competición estuvo incluida dentro de otro acontecimiento, la famosa Exposición Universal de París, por lo que fue una especie de «añadido». Los Juegos de París fueron, en realidad, una sucesión de torneos independientes que se alargaron casi medio año y en los que cualquiera podía registrarse. Muchos atletas ni siquiera sabían que estaban participando en los Juegos Olímpicos. La recién construida Torre Eiffel terminó de eclipsarlos, atrayendo a más de un millón de visitantes ese año.

País ganador: Francia – 111   30   43   38

Atleta ganador: Alvin Kraenzlein (EE. UU.), atletismo   4

Número de atletas y países: 1.226 atletas – 26 países

Número de deportes: 20 deportes – 95 competiciones

DOMINIO APLASTANTE

Francia lideró el medallero de los segundos Juegos modernos, con un total de 111 premios. Este éxito se debió en gran parte a que el país contaba con el mayor número de participantes (708 atletas, más de la mitad de un total de 1.226). Enviaron delegaciones 26 países, algunas de ellas con muy pocos atletas.

CRÓQUET: VISTO Y NO VISTO

Esta modalidad deportiva fue incluida en el programa olímpico por primera y última vez en París 1900. Consiste en golpear la bola con un mazo y hacerla pasar por unos arcos clavados en el suelo. Francia fue el único país que aportó jugadores de cróquet (10 participantes). ¡Solo se vendió 1 entrada para ver la prueba!

JUEGOS ROBADOS

La prensa griega promovió un boicot contra París 1900 por el rechazo de Pierre de Coubertin —al que llamaba «ladrón»— a fijar la sede permanente de los Juegos Olímpicos en Grecia. Sin embargo, al estallar la guerra greco-turca de 1897 por la disputa de la isla de Creta, los griegos dejaron de tener tiempo para los deportes.

EXHIBICIÓN MUNDIAL DE LA «OCASIÓN PERDIDA»

Organizadas por ciudades, las Exposiciones Universales fueron muy populares a principios del siglo XX, en una época de gran industrialización. Coubertin confiaba en que los Juegos Olímpicos se beneficiarían del hecho de estar integrados en la Exposición Universal de París de 1900. Pero sus cálculos fueron erróneos: el evento tuvo 50 millones de visitantes, mientras que los Juegos quedaron diluidos dentro del gran acontecimiento de aquel año.

4 OROS PARA EL DENTISTA

Alvin Kraenzlein (EE. UU.) fue el primero en ganar 4 medallas de oro en una misma disciplina, en este caso atletismo: carrera de 60 m, 110 m vallas, 200 m vallas y salto de longitud. Estableció la técnica moderna en carreras de vallas. Después de los Juegos, aunque tenía el título de dentista, se dedicó a entrenar a atletas de varios países.

¿LLEGANDO A LA META POR ATAJOS?

Los 13 participantes de la prueba de maratón corrieron por las calles de París en lugar de por una pista. Hay quien consideró que los atletas franceses hicieron trampa porque conocían la ciudad. Los corredores estadounidenses terminaron el recorrido enfangados, mientras que los franceses llegaron a la meta sin barro en la ropa, pero con su reputación manchada.

¡PRIMERO, LA DIVERSIÓN!

Los organizadores deseaban convertir los Juegos en un gran espectáculo. Para lograrlo, incorporaron pruebas que hoy en día resultan sorprendentes, como el tira y afloja o una prueba de natación de 200 m con obstáculos, en la que los competidores debían superar 2 barreras escalando y sumergirse para pasar por debajo de una tercera.

EL NIÑO DE ORO

En una de las pruebas de remo, los Países Bajos decidieron reemplazar a su timonel porque pesaba 60 kg y necesitaban a alguien más ligero. En su lugar pusieron a un niño francés... ¡y ganaron! El chico, que tendría entre 7 y 10 años, estuvo en la ceremonia de premios, pero más tarde no quedó rastro de él. ¡Probablemente se trate del campeón olímpico más joven de la historia!

GLORIA SIN GLORIA

Margaret Abbott era una estudiante estadounidense que vivía en París. En 1900, ganó un torneo de golf de la ciudad. Ella creyó que era «solo» el Prix de la Ville de Compiègne. Sin embargo, se había convertido en la primera mujer estadounidense en ganar un oro olímpico. ¡Pero murió sin saber que se trataba de un torneo de los Juegos!

¡LLAMEN A LA PROTECTORA!

Hubo una prueba de tiro en la que se emplearon ¡palomas vivas! Las liberaban de sus jaulas frente a los tiradores para que estos les dispararan. En total, murieron alrededor de 300 aves. Por suerte, la prueba no se volvió a celebrar.

LAS MUJERES, POR PRIMERA VEZ

En los segundos Juegos Olímpicos de la era moderna se permitió la participación femenina. Compitieron 22 mujeres, en vela, hípica, cróquet, tenis y golf. La primera ganadora por equipos fue la regatista Hélène de Pourtalès, quien compitió por Suiza en vela, con su esposo y su sobrino. ¡Está considerada la primera campeona olímpica de la historia! El primer triunfo individual femenino fue para la tenista británica Charlotte Cooper.

LEVANTARSE DEL SUELO

El atleta estadounidense Ray Ewry sufrió la polio cuando era niño, una enfermedad para la cual no había vacuna. Pese a haber tenido este virus que afecta al sistema nervioso central, participaba en actividades deportivas en la universidad. En París 1900, ganó 3 medallas de oro: en salto de altura, salto de longitud y triple salto. Ewry defendió su triple triunfo en los Juegos siguientes.

LLEGA EL BRONCE

No se entregaron medallas en la mayoría de las competiciones. En algunos deportes se concedieron oro y plata para los primeros y segundos puestos, y únicamente oro para las competiciones de motociclismo y de rescate. No obstante, en estos Juegos por primera vez se premió a los terceros puestos: gimnastas, lanzadores y bomberos recibieron medallas de bronce.

UN DÍA GANAS, OTRO PIERDES

La competición de lanzamiento de disco se celebró en el Bosque de Boulogne. El disco del bicampeón de los anteriores Juegos de Atenas, el estadounidense Bob Garrett, impactó hasta tres veces en un árbol en lugar de golpear en el área de puntuación. La estrella de los primeros Juegos Olímpicos modernos se quedó esta vez sin medalla.

EL JUEGO LIMPIO NO FUNCIONÓ

El atleta Meyer Prinstein, favorito en salto de longitud, no participó en la final por motivos religiosos, ya que se celebraba en domingo. Su principal rival, Alvin Kraenzlein, prometió solidarizarse y no competir ese día, pero al final cambió de opinión. Y ganó el oro. Esto provocó un fuerte altercado entre ambos atletas estadounidenses, pero con el tiempo se reconciliaron y se hicieron amigos.

UNA MEDALLA, DOS PAÍSES

Hubo 12 naciones debutantes en los Juegos, entre ellas la India, que entonces todavía era una colonia del Reino Unido. El atleta indio Norman Pritchard se adjudicó 2 medallas de plata, una en los 200 m y otra en 200 m vallas, y aún hoy Reino Unido y la India discuten sobre a quién se deben atribuir esos triunfos en la tabla del medallero olímpico.

SAN LUIS

ESTADOS UNIDOS, 1904

Los historiadores olímpicos denominan a esta edición de la competición «Los Juegos que sería mejor olvidar». Por primera vez, se celebraron fuera de Europa, aunque estuvieron de nuevo integrados en una Exposición Universal, hecho que repercutió en el nivel deportivo. Los Juegos de 1904 casi quedaron reducidos a un torneo local de los Estados Unidos: muy pocos participantes se decidieron a atravesar las peligrosas aguas oceánicas, azotadas en el Pacífico por la guerra ruso-japonesa.

País ganador: EE. UU. – 239 78 82 79

Atleta ganador: Anton Heida (EE. UU.), gimnasia artística 5 1

Número de atletas y países: 651 atletas – 12 países

Número de deportes: 18 deportes – 95 competiciones

CHICAGO, DESCARTADA

Inicialmente, la ciudad estadounidense de Chicago fue escogida para ser la sede de los Juegos Olímpicos. Sin embargo, para evitar la competencia, el comité de la Exposición Universa exigió que los Juegos se trasladaran a San Luis. Pierre de Coubertin confirmó más adelante mediante un telegrama que la competición no se celebraría en la llamada Ciudad de los Vientos.

DOMINIO DE BARRAS Y ESTRELLAS

En los Juegos de San Luis, los participantes de otros continentes se veían obligados a viajar a los Estados Unidos por mar, ya que todavía no había vuelos comerciales. Por eso, casi todos los atletas fueron estadounidenses: más del 80% de los que compitieron en 1904 eran deportistas del país anfitrión.

UN IMPOSTOR EN EL CUADRILÁTERO

Quién sabe si para inclinar a los jueces a su favor, el púgil James Bollinger se inscribió en la categoría de peso ligero de boxeo bajo el nombre de un famoso boxeador de San Luis: Carroll Burton. Tras ganar el combate contra Peter Sturholdt en los cuartos de final, fue descubierto y descalificado de inmediato. También se había registrado en la categoría de peso mosca, pero ya no se le permitió participar.

CARRERAS ANFIBIAS

En el buceo de distancia participaron 5 estadounidenses. El ganador fue Billy Dickey, con una marca de 19,05 m. Desde una plataforma, los competidores se lanzaban al agua intentando recorrer la mayor distancia posible sin utilizar brazos ni piernas durante un minuto.

TRIUNFO DEL ESPÍRITU

El atleta estadounidense George Eyser ganó 6 medallas en un solo día: 3 oros, en salto de potro, escalada de cuerda y barras paralelas; 2 platas, en caballo con arcos y la combinada, y 1 bronce en barra fija. Todo ello, y aquí viene lo más extraordinario de este deportista, superando la adversidad de competir con una pierna de madera.

LA RUEDA, TALÓN DE AQUILES

En ciclismo, el estadounidense Marcus Hurley ganó 4 de las 7 pruebas en las que participó en San Luis. En la carrera de 2 millas (3.218 m), le resbaló el neumático de la bicicleta y se vio relegado al bronce en la última vuelta. Aun así, igualó el récord vigente de oros individuales.

ESTA ENERGÍA NO VALE

Durante la carrera de maratón, Tom Hicks (Estados Unidos) se sintió mal. Su entrenador le suministró en dos ocasiones una mezcla de clara de huevo y estricnina, sustancia peligrosa que puede causar la muerte. A pesar de ello, Hicks ganó la carrera, aunque terminó exhausto, y se convirtió en el primer caso documentado de dopaje en las Olimpiadas.

EXCEPCIONES

El canadiense Étienne Desmarteau ganó el oro en la prueba de lanzamiento de peso, y Thomas Kiely, de Irlanda, en el concurso completo individual. Ambos fueron los únicos deportistas no estadounidenses en vencer en alguna modalidad de atletismo en San Luis, rompiendo la aplastante hegemonía estadounidense. Los Estados Unidos se hicieron con 21 triunfos.

UN LUGAR PARA EL DESHONOR

En el kilómetro 15 de la maratón, el estadounidense Fred Lorz comenzó a tener calambres. El desleal atleta se subió entonces a un coche escolta para ahorrarse parte del recorrido restante, y volvió a la pista poco antes de la línea de meta. El «campeón» ya estaba siendo aclamado por Alice Roosevelt, la hija del presidente de los Estados Unidos, cuando se reveló el engaño.

UN ATLETA CON DOS BANDERAS

El gimnasta Anton Heida fue el deportista más laureado en San Luis. Obtuvo 5 medallas de oro y 1 de plata. También causó un gran revuelo por otro motivo: ganó algunas medallas siendo ciudadano del Imperio austrohúngaro y otras habiendo ya obtenido la ciudadanía estadounidense (¡es lo que pasa cuando los Juegos duran meses!), por lo que el primero de estos países intentó impugnar los resultados a su favor.

¡SALVAR LOS JUEGOS OLÍMPICOS!

Dos ediciones seguidas fallidas de los Juegos Olímpicos pusieron en peligro el proyecto de Pierre de Coubertin. Para tratar de remediar la situación, el barón organizó los «Juegos Intercalados», en Atenas, en la primavera de 1906, en el enorme Estadio Panathinaikó. Hoy en día, el COI no reconoce esta competición como parte de los Juegos Olímpicos oficiales.

FARSA INDIGNANTE

En San Luis hubo unas «jornadas «antropológicas» para etnias indígenas, en las que aborígenes de todo el mundo (pigmeos, indios patagones, ainu japoneses...) compitieron entre sí en diferentes disciplinas atléticas. El evento quedaba fuera del programa olímpico, y mezclaba pruebas clásicas con otras inventadas, como lucha en el barro y escalada de postes con grasa. La desafortunada iniciativa quería evaluar la fuerza y resistencia de los «salvajes».

SUPERVIVENCIA DE LOS MÁS FUERTES

En el recorrido de la maratón solo existían 2 puntos de hidratación: una torre de agua ubicada en el kilómetro 10,5 y un pozo en el 19. No se añadieron más para poder observar los efectos de la deshidratación en los atletas. Esta decisión provocó desmayos y calambres a varios corredores. Solo 14 participantes de los 32 lograron completar la carrera.

DÍAS ANTROPOLÓGICOS

Estos Juegos étnicos que se inventaron los organizadores de San Luis fueron denominados Días de Antropología por Pierre de Coubertin. El fundador del movimiento olímpico decidió no asistir a esa competición y enviar en su lugar a dos representantes del COI. Uno de ellos, el húngaro Ferenc Kemény, le describió al barón el acontecimiento como «una exposición de monstruos diseñada para hacer reír al público».

«ESOS FUERON NUESTROS ATLETAS»

Más de un siglo después de los Juegos de 1904, el Comité Olímpico Internacional «hizo ajustes» en los logros de algunos medallistas (de Italia, Austria, Alemania, Suiza, Francia, Noruega, Australia y Cuba) que habían competido por los Estados Unidos antes de ser residentes oficiales en ese país. Únicamente 1 de los 8 cambios realizados por el COI no afectó el medallero.

DEPORTES «PARA MUJERES»

Del alrededor de 100 disciplinas deportivas incluidas en los Juegos de San Luis, solo se permitió la participación de mujeres en 3 competiciones. Entre ellas se contaba el tiro con arco, en el que solo participaron 6 atletas mujeres. También hubo exhibiciones de boxeo femenino, sin que se otorgaran medallas. Durante los siguientes 108 años, el ring olímpico quedó reservado para hombres, hasta la inclusión del boxeo femenino en los Juegos de 2012 en Londres.

¡PREPARADOS, LISTOS, AL AGUA PATOS!

Las competiciones de natación se llevaron a cabo en un estanque artificial asimétrico, en cuya orilla opuesta la guardia costera realizaba exhibiciones de rescate. Los atletas se enfrentaron en 10 modalidades con medallas y 5 de demostración, compitiendo no solo con sus rivales, sino también contra la corriente de suministro del lago.

EL METEORITO DE MILWAUKEE

Archie Hahn, la estrella estadounidense de los Juegos, ganó todas las carreras de velocidad de lo que terminó apodándose «campeonato nacional» debido al predominio de atletas estadounidenses. Hahn ganó 3 medallas de oro y estableció el récord olímpico de los 200 m con un tiempo de 21,6 segundos, una marca que nadie superó en los siguientes 28 años.

EL ESTADIO DEL FUTURO

Los organizadores construyeron un innovador recinto de hormigón armado, el Estadio de la Exposición Universal (hoy en día llamado Campo Olímpico Francis), donde los atletas practicaban tiro con arco, gimnasia, ciclismo, fútbol, cróquet, tira y afloja, lucha, levantamiento de pesas y atletismo. Actualmente, el estadio forma parte del campus de la Universidad de Washington, en San Luis.

112 AÑOS DE CAMPEÓN

A pesar del fuerte aguacero que caía, el canadiense George Lyon ganó el oro en la competición de golf. Estaba tan feliz con su victoria que, según la leyenda, caminó hacia la ceremonia de entrega de premios haciendo la vertical. Se mantuvo como campeón olímpico durante más de un siglo, ya que el golf desapareció del programa olímpico hasta 2016.

LONDRES

REINO UNIDO, 1908

Cuando se celebró esta edición de los Juegos, la gloria del Imperio británico aún persistía. El acontecimiento olímpico de 1908 en Londres fue justamente la prueba de ello. Atletas de todo el mundo acudieron a la capital del Reino Unido para rendir homenaje al rey Eduardo VII y competir por el oro y la gloria olímpicos. En un principio, estaba previsto que la cuarta edición de los Juegos modernos tuviera lugar en Roma, pero las dificultades económicas que provocó en Italia una erupción del Vesubio en 1906 —que se llevó más de un centenar de vidas— obligó al cambio de sede.

País ganador: Reino Unido – 146 (56) (51) (39)

Atleta ganador:

Melvin Sheppard (EE. UU.), atletismo (3)

Henry Taylor (Reino Unido), natación (3)

Número de atletas y países: 2.008 atletas – 22 países

Número de deportes: 24 deportes – 110 competiciones

¡LARGA VIDA A LA BANDERA!

Una de las novedades de estos Juegos fue que los equipos desfilaron con sus banderas nacionales en la ceremonia de apertura. La principal anécdota la protagonizó el abanderado de Estados Unidos, quien no inclinó su bandera al pasar frente al rey británico, Eduardo VII. ¿Fue en represalia por el error inglés de no alzar la bandera estadounidense en el estadio o bien la excolonia británica optó por no rendir pleitesía al soberano?

LIBERADAS Y UNIDAS

Las antiguas colonias británicas de Australia y Nueva Zelanda obtuvieron el estatus de dominio en 1901 y 1907, respectivamente. Para participar en los Juegos Olímpicos de 1908, se unieron bajo la bandera de Australasia. Y ganaron 5 medallas: oro en rugby, plata en boxeo, plata y bronce en natación y bronce en marcha. También compitieron juntas en los Juegos de 1912, por segunda y última vez.

POLICÍAS COMO SUPERHOMBRES

Tres equipos del Reino Unido compitieron junto con Suecia y los Estados Unidos en la prueba del tira y afloja. Dos de los conjuntos británicos eran de miembros de la policía de Londres, y uno, de Liverpool. Los uniformados se llevaron las medallas del torneo, pero no pudieron evitar el escándalo: los oficiales de policía usaron zapatos especiales con clavos y talones de acero, contraviniendo las normas que exigen usar calzado que no disponga de estas ventajas de tracción.

LOS PANTALONES COMO PROBLEMA

Un detalle del atuendo deportivo impidió al francés Georges André ganar en salto de altura: sus pantalones cortos, muy holgados, rozaron la barra y provocaron su caída. André obtuvo el segundo puesto, aunque tenía posibilidades de ganar el oro. Cuatro veces olímpico, también era piloto militar, y falleció durante su participación en la Segunda Guerra Mundial.

LA MAYOR GOLEADA DEL FÚTBOL

En 1908, se celebró el primer torneo olímpico de fútbol a gran escala. Participaron 6 equipos, pero solo 5 países porque Francia presentó 2 selecciones nacionales. Una de ellas perdió 1-17 contra Dinamarca: el mayor número de goles en un partido de fútbol en la historia de los Juegos Olímpicos. El Reino Unido se alzó con la victoria, derrotando en la final a Dinamarca por 2-0.

UNA DISTANCIA EXACTA PARA LA CARRERA DE MARATÓN

Dado que en ninguno de los Juegos anteriores la distancia de la maratón había sido establecida con exactitud, se corrían trayectos de alrededor de los 40 km. En Londres, se fijó una distancia midiendo el trayecto desde el Castillo de Windsor hasta la meta común de todas las carreras, frente al palco real: 42 km y 195 m. Esta se convirtió en la longitud oficial de la maratón en los Juegos de 1924 y se mantiene vigente.

¡RELEVOS CON ANTORCHAS!

Las carreras de relevos ya estaban presentes en la antigua Grecia. Las lampadedromías, como así se llamaban, eran especialmente populares: carreras de relevos con antorchas encendidas en honor a los dioses del fuego, que debían ser llevadas hasta la meta sin que se apagaran. Desde 1908, las carreras de relevos estuvieron presentes en los Juegos modernos. En una de estas, los 2 primeros atletas del equipo corren 200 m, el tercero 400 m y el último 800 m.

ESTADIO PARA TODO

Por primera vez, se construyó un recinto especialmente para los Juegos, el estadio de White City, con capacidad para 93.000 espectadores, y las pruebas de natación se realizaron en una piscina y no en aguas abiertas. Después de las Olimpiadas, el White City quedó en desuso por un tiempo. Más tarde, se recuperó para eventos de atletismo, carreras de perros y rugby, y en 1966 fue una de las sedes del Mundial de Fútbol de Inglaterra. En 1985, el emblemático edificio fue demolido.

CRECE LA REPERCUSIÓN DE LOS JUEGOS

Con 676 deportistas, Londres superó en número de participantes a San Luis. Pese a que las competiciones se prolongaron de nuevo durante medio año y se llevaron a cabo en paralelo con la Exposición Franco-Británica, esto no impidió que los Juegos se convirtieran por primera vez en la historia en un acontecimiento de repercusión mundial.

UN HOMBRE CON UN GRAN CORAZÓN

Melvin Sheppard soñaba con ser policía desde niño, pero un problema con el tamaño de su corazón le impidió unirse a las fuerzas del orden. No obstante, en Londres 1908 este atleta estadounidense ganó el reconocimiento mundial tras obtener 3 medallas de oro en las carreras de 800 m, 1.500 m y relevo combinado. Más tarde, en Estocolmo 1912, recibió otra medalla de oro.

VICTORIA ANULADA

Los franceses Maurice Schilles y André Auffray ganaron el oro en tándem, en ciclismo. Además, Schilles terminó primero en el esprint, pero los jueces anularon la carrera por ser superado el límite de tiempo máximo establecido para la distancia. No hubo premios. Sin embargo, los ciclistas británicos ganaron medallas de oro en otras carreras.

ADIÓS A LOS MOTORES

En estas Olimpiadas fue la única ocasión en la que se incluyeron deportes acuáticos motorizados. Algunas competiciones se cancelaron por el mal tiempo, así que los espectadores se quedaron con las ganas de ver los barcos «volar» a más de 30 km/h. Finalmente, la Carta Olímpica excluyó cualquier evento en el que compitan motores en lugar de personas.

NADANDO HACIA EL RÉCORD

El nadador Henry Taylor (Reino Unido) se convirtió en la estrella de los Juegos de Londres. Ganó 3 medallas de oro (en los 1.500 m, 400 m estilo libre y relevos 4 x 200 m estilo libre) y se convirtió en el primer deportista en establecer récords mundiales en tres pruebas simultáneamente.

UN ANTICIPO DE LOS JUEGOS DE INVIERNO

En Londres 1908, 16 años antes de que se celebraran los primeros Juegos de invierno, fueron incluidas competiciones de 4 modalidades de patinaje artístico: individuales para hombres y mujeres y figuras especiales para hombres y parejas. ¡Por primera vez, los deportes de invierno estaban en el programa de los Juegos Olímpicos! También fue la primera ocasión en la que hombres, mujeres y parejas compitieron en un mismo evento.

ESTRATEGIAS IMAGINATIVAS

La popularidad de los Juegos iba en aumento, pero en algunas de las competiciones por equipos aún no había suficientes participantes de países diferentes. Los organizadores recurrieron a estrategias creativas: en el torneo de hockey sobre hierba, Inglaterra ganó el oro, Irlanda la plata, y Escocia y Gales el bronce, aunque todos representaban al Reino Unido.

ORO VETERANO

Oscar Swahn, con 60 años, se estrenó en unos Juegos ganando 2 oros y 1 bronce en tiro. No fue el campeón de mayor edad de estas Olimpiadas —ese honor recayó en el irlandés Joshua Milner, de 61 años— pero lo sería más tarde, en Amberes 1920.

DRAMAS DE LA MARATÓN

El sudafricano Charles Hefferon, que iba en cabeza de la carrera, cometió el error de beber champán. ¡Los calambres estomacales que le provocó el espumoso le costaron la victoria! El italiano Dorando Pietri lo superó, pero, a poco del final, agotado y confundido, tuvo que recibir ayuda para cruzar la meta, por lo que fue descalificado. El estadounidense John Hayes ganó la prueba, pero fue Pietri quien se llevó el cariño y apoyo del público mundial.

BLOQUEADO

Durante la final de los 400 m, el escocés Wyndham Halswelle, que corría en casa y partía con la etiqueta de favorito, fue obstruido por un competidor estadounidense. Los jueces decidieron anular la carrera, programar una nueva y descalificar al corredor estadounidense, y Halswelle consiguió la medalla de oro.

LA FRASE QUE VENÍA DE LEJOS

No ganar, sino participar, la máxima legendaria que popularizó Pierre de Coubertin, no era suya. El fundador del movimiento olímpico se inspiró en las palabras que pronunció Ethelbert Talbot, obispo de Pensilvania, después de la descalificación del corredor italiano Dorando Pietri en la maratón por recibir ayuda no solicitada en el último tramo para alcanzar la línea de meta.

ESTOCOLMO

SUECIA, 1912

Las quintas Olimpiadas —celebradas dos años antes del estallido de la Primera Guerra Mundial, cuando la tensión internacional estaba alcanzando su punto máximo— fueron aclamadas por todos como un gran éxito. Lograron congregar en Estocolmo a 28 países, con representación de todos los continentes, y unieron durante dos meses y medio a naciones enfrentadas políticamente. En la víspera de una gran guerra que se cobraría la vida de millones de personas, por fin el proyecto de Coubertin empezó a tomar la forma de unos auténticos Juegos Olímpicos, de un acontecimiento deportivo a escala mundial. En esta edición se introdujeron por primera vez en las carreras el cronometraje automático y la foto de llegada (*photo finish*).

País ganador: EE. UU. – 64 — 26 · 19 · 19

Atleta ganador:
Vilhelm Carlberg (Suecia), tiro — 3 · 2

Número de atletas y países:
2.407 atletas – 28 países

Número de deportes:
14 deportes – 102 competiciones

LA JUSTICIA SE HACE ESPERAR

El estadounidense Jim Thorpe (nacido en una reserva india de Oklahoma con el nombre de Wa-Tho-Huk) obtuvo el oro en pentatlón y decatlón, con tal ventaja que el rey de Suecia lo proclamó «el mayor atleta del mundo». No obstante, el COI le retiró las medallas por haber participado en béisbol profesional, en una época en que solo se permitía el deporte *amateur*. La reparación llegó en 1982, cuando fueron devueltas las medallas a sus hijos.

PREVENCIÓN FINANCIERA

La candidatura de Suecia, una nación tecnológicamente desarrollada, fue escogida en seguida (menos de un año después de haber concluido los anteriores Juegos, en Londres). El barón de Coubertin quiso evitar el problema de 1908, cuando Italia renunció a organizar los Juegos en Roma por falta de fondos, y enfocó su atención en la solvencia económica de las ciudades aspirantes.

RETUMBAN LOS CASCOS DE LOS CABALLOS

Por vez primera se incluyeron en unos Juegos las disciplinas ecuestres modernas: salto, doma y concurso completo (doma, campo a través y salto). Los jinetes suecos recibieron 4 de los 5 oros en disputa. El francés Jacques *Jean* Cariou fue la excepción al dominio local y ganó el oro en la prueba individual de salto.

ALTA TECNOLOGÍA ESCANDINAVA

Reconocida internacionalmente por sus equipos de medición y radares, Suecia marcó un hito en los Juegos de Estocolmo al introducir innovaciones decisivas: el cronometraje automático, las fotografías de final de carrera, los sistemas de megafonía y de avisos en el marcador... También impulsó la venta de derechos exclusivos para la distribución de imágenes.

ACTUACIÓN SIN GOTERAS

En medio de un aguacero, la competición de tiro se desarrolló sin interrupciones bajo una improvisada carpa. Suecia se adjudicó 7 medallas de oro, 6 de plata y 4 de bronce.

DUELO ETERNO EN EL TATAMI

En Estocolmo, el mundo fue testigo de la pelea más larga de la historia olímpica. En la lucha grecorromana, el combate de semifinales entre el estonio Martin Klein, que compitió en las filas del equipo ruso, y el finlandés Alfred Asikainen —cuyo país también formaba parte entonces del Imperio ruso, si bien competía por separado— se extendió por 11 horas y 40 minutos, lo que provocaría posteriormente un cambio en las reglas.

DOMINIO SUECO EN TIRO

Con 3 oros y 2 platas, Vilhelm Carlberg, oficial del ejército sueco, se convirtió en el deportista más laureado de los Juegos de su país. Su hermano gemelo, Eric, también brilló en tiro (2 oros y 2 platas) y participó, además, en esgrima y pentatlón. Ambos lideraron al equipo sueco de tiro, que, con 17 medallas, demostró su incuestionable supremacía.

EL MARATONISTA QUE REGRESÓ AL PASADO

Durante la maratón, Shizo Kanakuri colapsó por agotamiento. ¡El japonés había viajado 18 días en barco y en tren para llegar a la cita! El día de la carrera, en el kilómetro 30, pidió un vaso de agua en una casa y se quedó dormido en el sofá. No terminó la maratón, y no fue hasta 1967 que se le ofreció la posibilidad de terminar la carrera. Kanakuri aceptó. Volvió a Estocolmo, donde registró un «tiempo» de 54 años, 8 meses, 6 días, 5 horas, 32 minutos y 20,3 segundos.

ARTISTAS EN LA LÍNEA DE SALIDA

Una de las novedades fue la creación de competiciones de literatura, música, pintura, escultura y arquitectura. Pierre de Coubertin participó bajo los seudónimos de Georges Hohrod y Martin Eschbach y obtuvo un oro por su *Oda al Deporte*. En ella, el aristócrata reivindicaba que el deporte se mantuviese «fuera de la política», en un momento en el que las relaciones entre Francia y Alemania eran extremadamente tensas.

TRAGEDIA BAJO EL SOL

Francisco Lázaro, un maratonista portugués, creyó que su rendimiento en la carrera mejoraría si no sudaba, así que decidió untarse todo el cuerpo con cera antes de empezar. Pero esto terminó provocándole la muerte por deshidratación. Cayó inconsciente en el kilómetro 30 y murió en el hospital. De los 68 atletas que participaron, solo la mitad lograron completar el recorrido a causa del intenso calor.

LA OSCURA PAPELETA DEL ARBITRAJE

A pesar de los avances técnicos de los Juegos de 1912, hubo tantas protestas por arbitraje injusto que el COI encargó a uno de sus miembros, el barón Von Venningen, que investigara todos los casos controvertidos. El resultado fue un informe de 60 páginas que se presentó un año después de terminado el acontecimiento. Los organizadores olímpicos desestimaron todas y cada una de las incidencias que se estudiaron.

FÓRMULA MULTISEDES

Los Juegos Olímpicos de Estocolmo contaron con 12 sedes, en las que se celebraban competiciones de forma simultánea. El fútbol se disputó en tres estadios diferentes, una fórmula que se repitió en ediciones posteriores. Ante 25.000 aficionados, Reino Unido revalidó su supremacía futbolística derrotando a Dinamarca por 4 goles a 2 en la final.

TODO PARA LOS ATLETAS

Estocolmo subió el listón: los organizadores intentaron atraer a más participantes de todo el mundo y proporcionaron transporte gratuito a los equipos. Los atletas tenían un 50 % de descuento en los billetes de tren, se publicó un diario olímpico (bilingüe: en inglés y sueco), se inauguró un parque de atracciones cerca del estadio y se utilizaron las pistas cubiertas de tenis como comedores.

EL FINLANDÉS VOLADOR

El fondista Hannes Kolehmainen aportó 3 de las 9 medallas de oro y 1 de plata que el equipo finlandés obtuvo en los Juegos de Estocolmo, asegurando el cuarto puesto para su país en el medallero. Kolehmainen se convirtió en un símbolo del espíritu competitivo y la excelencia en el atletismo finlandés. En 1952, cuando los Juegos se celebraron en Helsinki, tuvo el honor de encender el pebetero con la llama olímpica durante la ceremonia de apertura.

UN DUELO DE INFARTO

El favorito en la carrera de los 5.000 m, el francés Jean Bouin, ganó las semifinales con facilidad. Soñaba con adjudicarse el oro en la final, pero se vio inmerso en un emocionante duelo con el finlandés Hannes Kolehmainen: ¡uno y otro se alternaron en la cabeza de carrera hasta 17 veces en la última vuelta! En los últimos 20 m del recorrido, Bouin fue superado por el finlandés y acabó perdiendo por una centésima de segundo. En un gesto de deportividad, el francés le entregó su camiseta al victorioso Kolehmainen.

MI CASA, MIS REGLAS

Aunque los primeros Juegos Olímpicos de invierno no tuvieron lugar hasta 1924, los deportes de hielo habían empezado a abrirse camino lentamente en las Olimpiadas. Pero Estocolmo dio un paso atrás, y pese al éxito obtenido por el patinaje en Londres 1908, lo excluyó de la cita de 1912, reservándolo para los Juegos Nórdicos de 1913. El boxeo, de escaso interés para los suecos, también fue omitido del programa.

¡SI ES UN ESTADIO, QUE SEA EL MEJOR!

Originalmente, la organización de los Juegos de Estocolmo construyó un estadio olímpico hecho en madera. Sin embargo, al final se decidió substituirlo por una estructura permanente de ladrillo rojo, mucho más costosa. Dicho estadio, con capacidad para unas 14.000 personas, resultó ser una buena inversión, ya que continúa utilizándose actualmente.

UN SOLO TIRA Y AFLOJA

Varios países desistieron en el último momento de competir en el tira y afloja, dejando solos en la contienda al Reino Unido y a Suecia. ¡La competición quedó reducida a una final directa! El equipo británico, constituido por policías londinenses, se enfrentó a un equipo escandinavo formado por oficiales de la ley y por un pescador. El conjunto local superó a su rival, que había sido campeón de los Juegos de 1908 en esta modalidad.

BERLÍN

IMPERIO ALEMÁN, 1916

En 1916, los Juegos Olímpicos tenían que celebrarse en la ciudad de Berlín. Sin embargo, el 28 de julio de 1914 Austria-Hungría declaró la guerra a Serbia, y pocos días después Alemania hizo lo mismo con el Imperio ruso. Así empezó la Primera Guerra Mundial, en la que se vieron involucrados más de una treintena de países. Sin embargo, el estallido del conflicto no impidió que la organización de Berlín 1916 prosiguiera, bajo el supuesto de que las hostilidades durarían poco. Pero no ocurrió así. Finalmente, los Juegos tuvieron que ser suspendidos. Fue la primera vez que esta importante competición deportiva se cancelaba desde 1896.

Cancelados debido a la Primera Guerra Mundial

UN NUEVO ESTADIO

El Deutsches Stadion, con capacidad para 33.000 asistentes, fue construido para los Juegos Olímpicos en sustitución del Hipódromo de Berlín. Se inauguró el 8 de junio de 1913 como parte de una celebración a gran escala: Guillermo II, el último emperador alemán, reinaba desde hacía 25 años. Durante el evento, el público gritaba *Heil* mientras Guillermo II saludaba respetuosamente.

LA SEXTA OLIMPIADA

Los Juegos Olímpicos de 1916 fueron los primeros de la era moderna en ser cancelados. El barón Pierre de Coubertin, presidente del Comité Olímpico Internacional, deseaba mantener la «unidad del movimiento olímpico», por lo que se decidió que esta edición no celebrada contabilizara igualmente: los de Berlín 1916 son oficialmente los Juegos de la VI Olimpiada. Lo mismo se hizo con los Juegos de 1940 y 1944, cancelados por la Segunda Guerra Mundial.

UN CORAZÓN PURO

Al estallar la Primera Guerra Mundial, Jean Bouin, destacado corredor francés, medallista de plata en los Juegos de 1912 y poseedor de varios récords, se presentó voluntario en el reclutamiento. Debido a su hipertrofia cardíaca, se le ofreció permanecer en la retaguardia para entrenar a los soldados. Sin embargo, Jean insistió en ir al frente. Murió por heridas de metralla durante la Batalla del Marne.

SIN MILAGROS

Por su extraordinaria fuerza, Heinrich Schneidereit, de 19 años, fue llamado «el prodigio alemán». En los Juegos Olímpicos Intercalados de 1906, en Atenas, ganó la medalla de oro en el tira y afloja por equipos y la de bronce en el individual, con una y dos manos. Schneidereit murió en la Gran Guerra, en 1915.

DEL ÉXITO AL HORROR...

Harry Edward, futuro atleta olímpico en Amberes 1920, creció en Berlín, a donde su familia había emigrado escapando de la pobreza de Dominica (colonia británica). Pronto destacó como velocista. En junio de 1914, con 16 años, participó en un torneo de atletismo en el Deutsches Stadion y, aunque perdió en la final de los 100 m ante el vigente campeón de Alemania, logró un gran triunfo en los 200 m. Pero al mes siguiente estalló la guerra, y Edward, súbdito británico, fue encerrado en el campo de internamiento de Ruhleben, en las afueras de Berlín hasta 1918.

ESTABLOS COMO PRISIÓN

Con el inicio de la guerra, el Deutsches Stadion se cerró y en sus instalaciones auxiliares se organizó un hospital de campaña. Al mismo tiempo, en un hipódromo cercano se estableció un campo para varios miles de presos extranjeros, que fueron encarcelados por la fuerza o tuvieron sus derechos restringidos durante toda la guerra. Dormían en los establos.

CARNE DE CABALLO

Internado durante la guerra en el campo berlinés de Ruhleben, el prometedor atleta Harry Edward continuó practicando deporte a pesar de la tortura diaria, la crueldad y la muerte que siempre estaba al acecho. Los prisioneros recibían alimentos de pésima calidad. A veces se les daba carne de caballo de animales muertos en el frente, que se enviaba a los campos.

DOS HERMANOS, DOS CRUCES

Christopher y Noel Chavasse eran gemelos. Estos atletas británicos corrieron los 400 m en los Juegos Olímpicos de 1908. Durante la guerra, Christopher se convirtió en capellán del ejército y Noel, en médico militar. En 1914, Noel fue condecorado con la Cruz Militar, y en 1916, con la Cruz Victoria por salvar 20 vidas en 48 horas. Un año después, falleció por heridas sufridas en un bombardeo en Bélgica.

... DE LA PRISIÓN AL PODIO

Una vez terminada la guerra, cuando salió del campo alemán de Ruhleben, Harry Edward se fue al Reino Unido y se preparó para los Juegos de 1920 en Amberes, donde ganaría la medalla de bronce en las carreras de 100 m y 200 m. Gracias a estos triunfos, se convirtió en el primer atleta británico negro en ganar una medalla olímpica.

PIONERAS DEL FÚTBOL

En Inglaterra, las mujeres ya jugaban activamente al fútbol, sobre todo las que trabajaban. Solían poner a sus equipos el nombre de la fábrica donde estaban empleadas. Sin embargo, no fue hasta 1996 que se jugó el primer torneo de fútbol femenino en las Olimpiadas. En la Navidad de 1917, los equipos Dick, Kerr's Ladies FC y Coulthard's Foundry se enfrentaron en Preston ¡ante 10.000 espectadores!, para recaudar fondos para los soldados heridos en el frente.

DE INVIERNO, TAMBIÉN

Por primera vez, en las Olimpiadas de Berlín se planeaba incluir una semana de deportes de invierno en Baden-Württemberg, región conocida por sus enormes montañas, con disciplinas como patinaje artístico, hockey sobre hielo, esquí de fondo... Pero esta idea no se llegó a materializar hasta 8 años después, en Francia, en los primeros Juegos Olímpicos de invierno: Chamonix 1924.

¡NACEN LOS AROS OLÍMPICOS!

En 1913, Pierre de Coubertin diseñó el emblema de los Juegos Olímpicos: 5 anillos de colores entrelazados sobre un fondo blanco. Simbolizaban los cinco continentes —África, América, Asia, Europa y Oceanía—, unidos por el deporte. Estaba previsto que la flamante bandera olímpica ondeara oficialmente por primera vez en los Juegos de 1916, pero la guerra obligó a esperar hasta 1920.

MÁS RÁPIDO QUE UN TREN

Se decía que el serbio Dragutin Tomašević era tan veloz que una vez adelantó, por unos minutos, a un tren que recorría una distancia de 40 km entre dos ciudades de Serbia. En Estocolmo 1912, había desfilado como abanderado de su país en los primeros Juegos en los que Serbia participó. Pero Tomašević no pudo competir en Amberes 1920: fue uno de los más de 15 millones de muertos de la Gran Guerra.

LA PRIMERA SUPERESTRELLA MUNDIAL DEL TENIS

El neozelandés Anthony Wilding destacó como tenista desde niño, cuando jugaba en las canchas que tenía su adinerada familia en casa. A principios del siglo XX, se convirtió en el número 1 mundial. Ganó una medalla de bronce en Estocolmo 1912. Murió, con el rango de capitán, en la Batalla de Ober Ridge, Francia, en 1915.

ARMISTICIO EN EL FRENTE OCCIDENTAL

En la víspera de Navidad de 1914, en algunas partes del frente occidental de la Primera Guerra Mundial, soldados alemanes y británicos, cansados después de 6 meses de guerra, salieron de las trincheras para encontrarse. Intercambiaron apretones de manos, alimentos, cigarrillos y... jugaron al fútbol. Estas horas de silencio de la artillería pasaron a la historia como la Tregua de Navidad.

JUEGOS DE GUERRA

En junio de 1916, se celebraron en el Deutsches Stadion de Berlín algunas competiciones deportivas. La mayoría de los 2.000 participantes habían vuelto del frente para pasar unas cortas vacaciones. El programa fue adaptado a la guerra, con pruebas como lanzamiento de granadas de mano y una línea de obstáculos de 75 m de longitud: además de sortearlos, había que disparar 50 tiros con ametralladora y rifle.

POR LOS CAMPOS DE BATALLA

Finalizada la guerra, al terminar los siguientes Juegos (Amberes 1920, en Bélgica), algunos deportistas visitaron los campos de batalla cercanos. La campeona estadounidense de salto de trampolín Aileen Riggin, de 14 años, recordaba más tarde en una entrevista: «Había muchas botas alemanas alrededor. Levanté una y había un pie dentro.

EL ATLETA MÁS VALIENTE

En los Juegos de 1908, en Londres, Reggie Pridmore formó parte del equipo británico de hockey sobre hierba. Anotó 10 goles (4 de ellos en la final, un récord vigente en este deporte hasta 1952), y su equipo ganó el oro. Pridmore murió en 1918, luchando contra las tropas austrohúngaras. En la cruz colocada sobre su tumba hay esta inscripción: «El atleta y camarada más valiente».

AMBERES

BÉLGICA, 1920

Había pasado solo un año y medio desde el fin de la Primera Guerra Mundial y Europa se recuperaba de la devastación sufrida. Se eligió Amberes como sede de los Juegos en un gesto de solidaridad con Bélgica —ocupada por los alemanes desde el principio hasta el fin del conflicto— por el sufrimiento padecido. Aunque el Imperio alemán y sus aliados ya tenían nuevos gobiernos, estas naciones fueron excluidas de Amberes 1920. Tampoco participaron los atletas rusos, en plena guerra ruso-polaca, por motivos políticos. Sir Theodore Cook, el representante británico del COI, calificó las Olimpiadas de Amberes como «Los Juegos fúnebres en honor a los caídos en la Gran Guerra». Aunque el acontecimiento fue austero, el hecho de que los Juegos volvieran a celebrarse era un paso hacia la normalidad.

País ganador: EE. UU. – 95 medallas — 41 | 27 | 27

Atleta ganador: Willis Lee (EE. UU.), tiro — 5 | 1 | 1

Número de atletas y países: 2.622 atletas – 29 países

Número de deportes: 22 deportes – 156 competiciones

UN SOLDADO CON UNA GRANADA DE BIENVENIDA

Muchos soldados que lucharon durante la Primera Guerra Mundial participaron en las competiciones. En la entrada al Estadio Olímpico de Amberes, en lugar de la tradicional estatua del atleta, los visitantes fueron recibidos por la estatua de un soldado belga lanzando una granada. En el pedestal se leía la inscripción «11 de noviembre de 1918», fecha en la que terminó la llamada entonces Gran Guerra.

EN VERANO Y EN INVIERNO

El estadounidense Edward Eagan ganó su primer título de boxeo cuando todavía estaba en la universidad. En Amberes 1920, Eagan ganó el oro en la categoría de peso semipesado de boxeo. Eagan es el único atleta que ha obtenido un oro olímpico en unos Juegos de verano y otro en unos Juegos de invierno en modalidades deportivas distintas, ya que también venció en *bobsleigh* cuádruple en los Juegos de Lake Placid de 1932.

UN BARCO CON PASADO

Casi 300 atletas del equipo de los Estados Unidos viajaron a Amberes en un barco que, anteriormente, había transportado los cuerpos de 1.800 soldados estadounidenses fallecidos en el frente. Los deportistas se quejaron de que la bodega de la nave olía a formol y que había ratas por todas partes. Por otro lado, la cubierta de la embarcación fue diseñada como un centro deportivo, con pista de atletismo, piscina y área de lanzamiento de peso. El disco y la jabalina estaban sujetos al barco por un cable, y los caballos se aireaban en cubierta dos veces al día.

«FINLANDESES VOLADORES»

En su debut como país independiente del Imperio ruso, Finlandia causó sensación en Amberes. Los atletas de pista y *cross-country* finlandeses ganaron 16 medallas, ¡9 de ellas de oro! El corredor Paavo Nurmi se alzó con 3 oros y 1 plata, mientras que el mítico Hannes Kolehmainen conquistó la maratón a su regreso tras la guerra. A estos fondistas y mediofondistas les llamaban «Los finlandeses voladores».

CAMPEONES EN SOLITARIO

En Amberes, a algunos les bastó con estar inscritos para ganar: los noruegos obtuvieron 5 medallas de oro en vela sin competir, al no presentarse otras embarcaciones. De entre las 14 regatas diferentes, solo una contó con más de 3 barcos y en otra solo 2 equipos neerlandeses compitieron entre sí. Tras zarpar de Bélgica, se les permitió finalizar la regata en los Países Bajos.

NADADOR Y PADRE DEL SURF

El estadounidense Duke Kahanamoku revalidó su título en los 100 m libres de natación, prueba que también había ganado en los Juegos de 1912. El nadador hawaiano, apodado Gran Kahuna, está considerado el inventor del surf moderno. En 1925, con la ayuda de su tabla, rescató a 8 pescadores de un barco naufragado.

¡JURAMOS!

«Juramos que participaremos en los Juegos Olímpicos con un espíritu de caballerosidad, por el honor de nuestro país y la gloria del deporte». Este fue el primer juramento olímpico, pronunciado por el esgrimista belga Victor Boin.

BATALLA POR EL METAL

Tras la guerra, debido a la escasez de metales preciosos, todas las medallas «de oro» en Amberes fueron en realidad de plata recubierta de oro, una práctica que ha continuado hasta hoy. Se acuñaron 1.250 medallas. Los ganadores individuales recibieron estatuillas de bronce doradas. El valor de mercado de estas figuras era de casi 8.500 euros a principios del siglo XXI.

HÁBITOS POCO SALUDABLES...

El atleta británico Albert Hill triunfó en las carreras de 800 m y 1.500 m. Veterano de las Fuerzas Aéreas, fumaba hasta 80 cigarrillos diarios, lo que acabó causándole graves problemas pulmonares. Dicen que, en Amberes, en vez del agua optó por la famosa cerveza belga como parte de su dieta. Tras los Juegos, volvió a su trabajo de revisor de billetes en Londres.

EL MAYOR DE TODOS

El sueco Oscar Swahn, de 72 años, ganó la plata en la competición por equipos de doble disparo al ciervo en movimiento, convirtiéndose en el medallista olímpico más viejo de la historia. Swahn siempre disparaba vestido con abrigo y sombrero negros y no permitía que nadie tocara su rifle.

¿QUIÉN SE LLEVÓ LA BANDERA?

La insignia olímpica, izada por primera vez en la ceremonia de apertura de Amberes 1920, fue robada en esos mismos Juegos. Hubo que esperar a 1997 para conocer su paradero: Harry Prieste, saltador de trampolín estadounidense que obtuvo un bronce en Amberes, reveló, cuando ya tenía 103 años, que la había guardado en su maleta durante casi 80 años. En Sídney 2000, se llevó a cabo una ceremonia especial para su devolución.

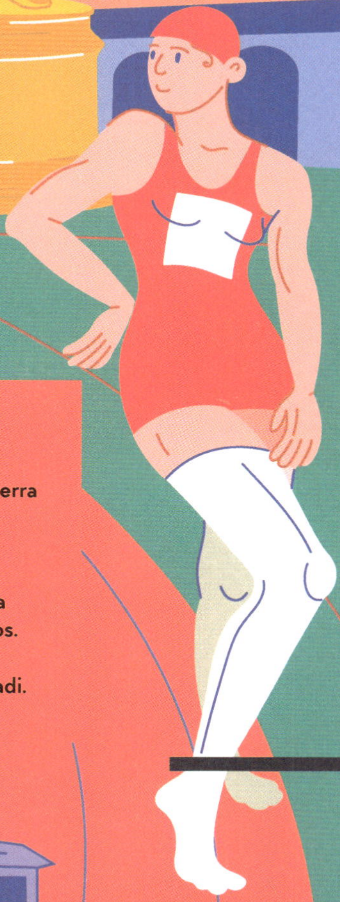

PRIMERA MUJER TRICAMPEONA OLÍMPICA

Ethelda Bleibtrey, de 18 años, fue la primera mujer estadounidense campeona olímpica de natación, y también la primera de cualquier país en ganar 3 medallas de oro. Se hizo muy famosa, y revolucionó la moda en natación. En 1919, solo su popularidad impidió que fuera a la cárcel por nadar «desnuda» en la playa. Se había quitado las medias para meterse en el agua, pero en la época se consideró un escándalo.

SALTAR INNOVANDO

El estadounidense Charles Paddock exhibió una velocidad extraordinaria en Amberes 1920. Con solo 20 años, se llevó el oro en los 100 m, la plata en los 200 m y otro oro en relevos 4 x 100 m. Terminó las carreras con un característico salto final hacia adelante (para romper la cinta de meta) que le hizo famoso. Con el tiempo, esta técnica fue adoptada por muchos velocistas.

HERMANOS MULTIMEDALLISTAS

El italiano Nedo Nadi, que había luchado en la Gran Guerra y fue condecorado por el Gobierno de su país por su valentía, batió un récord al ganar 5 medallas de oro de esgrima en unas mismas Olimpiadas. Venció en las competiciones individuales de florete y sable, y lideró la victoria de Italia en los 3 eventos de esgrima por equipos. También su hermano Aldo formaba parte del conjunto italiano de esgrima, y sumó 3 oros más para la familia Nadi.

HASTA 7 MEDALLAS EN TIRO

Dos militares profesionales estadounidenses, Willis Lee y Lloyd Spooner, ganaron cada uno 7 medallas en diferentes modalidades de tiro. Spooner, que tenía el rango de teniente del Ejército de los Estados Unidos, compitió en 12 deportes del programa, lo cual fue un récord absoluto de los Juegos Olímpicos.

REGLAS UNIVERSALES PARA LOS DEPORTES

En los Juegos de 1920, la falta de reglas establecidas para la mayoría de los deportes se vio como la mayor amenaza para el futuro del movimiento olímpico. Por iniciativa de Coubertin, en 1921 se celebró un encuentro en Lausana para discutir nuevas normas universales. Además, se tomó la decisión de crear federaciones deportivas internacionales.

«ESPARTANOS» POR OBLIGACIÓN

En Amberes, los nadadores compitieron en el nuevo estadio de deportes acuáticos de la ciudad, y ¡sus aguas estaban tan frías que muchos de los participantes sufrieron hipotermia! El alojamiento de los deportistas estaba mal organizado, al punto que algunos tuvieron que dormir en camas plegables en una escuela abandonada. Eran trasladados a las competiciones en camiones destartalados y desayunaban un panecillo, café y «una pequeña sardina»...

UNA VERDADERA PASIÓN

Entre los Juegos de 1900 y los de 1920, el belga Hubert van Innis ganó 6 medallas de oro y 4 de plata en tiro con arco, convirtiéndose en el arquero más laureado en la historia de las Olimpiadas. Van Innis llegó a tener un campo de entrenamiento en su propio restaurante cerca de Bruselas y continuó practicando su gran pasión hasta su muerte, a los 95 años.

SINGULARIDADES EN LOS JUEGOS DE LA VII OLIMPIADA

Por única vez en unos Juegos de verano, en Amberes 1920 se incluyó un torneo de hockey sobre hielo, que fue ganado por el equipo de Canadá. También el arte fue una competición: literatos, arquitectos, artistas, escultores y músicos tuvieron la oportunidad de ganar medallas por obras relacionadas con el deporte.

LA VENGANZA ES UN PLATO QUE SE SIRVE FRÍO

Jack Kelly sénior, nacido en Filadelfia y padre de la actriz Grace Kelly, se convirtió en bicampeón olímpico de remo individual con sus 2 oros en *skull* individual y en doble *skull*. Sorprendentemente, en 1914 el Reino Unido había impedido que Kelly compitiera en la Real Regata británica alegando que no era un caballero, ya que de joven había trabajado como obrero.

PARÍS

FRANCIA, 1924

El impulsor de los Juegos Olímpicos modernos, Pierre de Coubertin, ansiaba que su ciudad natal, París, acogiera una nueva edición de los Juegos, tras las dificultades y contratiempos de las Olimpiadas de París 1900. Fue a instancias del barón que la capital de Francia fue elegida como sede de los Juegos de 1924. Por segunda vez consecutiva, fue vetada la participación alemana y tampoco participó la Unión Soviética. A pesar de todo ello, en París compitió un número récord de 44 países, y el gran interés público en el acontecimiento se reflejó en la asistencia de más de 1.000 periodistas.

País ganador: EE. UU. – 99 medallas 45 27 27

Atleta ganador: Paavo Nurmi (Finlandia), atletismo 5

Número de atletas y países: 3.088 atletas – 44 países

Número de deportes: 19 deportes – 126 competiciones

CAMPEÓN POLIFACÉTICO

Durante la Primera Guerra Mundial, Roger Ducret fue prisionero de guerra. En los Juegos de 1924, el esgrimista francés obtuvo 5 medallas. En las competiciones individuales ganó 1 oro y 2 platas, y por equipos ganó el oro tanto en florete como en espada. Después de su carrera deportiva, trabajó como periodista para *Le Figaro*, *L'Echo des Sports* y otros periódicos.

UN RÉCORD INÚTIL

El estadounidense Robert LeGendre estableció en estos Juegos Olímpicos un récord mundial en salto de longitud: 7,76 m. No obstante, estaba compitiendo dentro de la disciplina de pentatlón y su récord no le bastó para ganar. Quedó tercero tras el recuento de puntos.

¡UNA HISTORIA DE PELÍCULA!

El escocés Eric Liddell ganó la medalla de oro en la carrera de 400 m y la de bronce en los 200 m. La de los 100 m lisos tuvo lugar en domingo, por lo que Liddell –que además de atleta era sacerdote– decidió no competir porque iba en contra de sus creencias religiosas: no pudo medirse con su gran rival, Harold Abrahams, que resultó vencedor de la prueba. La vida de Liddell inspiró la conocida película británica *Carros de fuego* (1981).

ADIÓS TEMPORAL AL RUGBY

El rugby se incluyó en las Olimpiadas de París 1924 por última vez antes de una larga ausencia de más de 90 años. Para decepción de los aficionados, en un abarrotado estadio olímpico de Colombes, Francia perdió en la final ante los Estados Unidos, que defendía el título conseguido en los anteriores Juegos de Amberes, por 3 -17.

¡PLENO EN TENIS!

Los Estados Unidos se llevaron todas las medallas de oro otorgadas en tenis: en individual y en dobles masculinos; en individual y en dobles femeninos; en dobles mixtos. En Amberes, el tenis se despidió del programa olímpico durante 64 años. Volvió a la competición oficial en Seúl 1988.

UN JURADO DE PRIMER NIVEL

Se otorgaron 14 medallas en la competición olímpica de arte (en literatura, escultura, pintura, arquitectura y música). El jurado estaba formado por destacadas figuras, entre ellas, Selma Lagerlöf (primera mujer galardonada con el Nobel de Literatura), el pintor Fernand Léger y los compositores de música Maurice Ravel y Béla Bartók.

POR ENCIMA DE LAS DIFICULTADES

El estadounidense Harold Osborn sufrió una lesión ocular en su adolescencia que le dificultaba el cálculo de las distancias. A pesar de ello, no renunció a practicar atletismo. Su fuerza de voluntad le permitió superar esta dificultad, hasta el punto de adjudicarse la medalla de oro en decatlón y en salto de altura en los Juegos de París 1924.

¡CORRE CON AIKO!

Durante los Juegos, la policía encontró a un niño exhausto cerca del estadio olímpico. Resultó que Aiko había venido a pie desde Laponia para ver la carrera de Paavo Nurmi. Sin embargo, no le dejaron presenciar la competición porque no le entendieron. Al conocer la historia, Nurmi organizó una carrera especial para Aiko en el estadio de los Juegos, con numerosos atletas.

ALOJAMIENTO ESPECIAL

Por primera vez, durante los Juegos todos los atletas residieron juntos en la Villa Olímpica. Se construyó cerca del estadio olímpico —con viviendas un poco rudimentarias— y contaba con servicios básicos.

¡NADA, NIÑA, NADA!

La nadadora Gertrude Ederle ganó 2 medallas de bronce individuales y 1 de oro en relevos para los Estados Unidos. Pero la auténtica fama mundial le llegó 2 años después, al convertirse en la primera mujer en cruzar el Canal de la Mancha a nado. Lo hizo casi 2 horas más rápido que los 5 hombres que lo habían cruzado antes que ella. En 1927, Ederle se interpretó a sí misma en la película *Swim Girl, Swim*.

DEBUT OLÍMPICO DE «TARZÁN»

El nadador Johnny Weissmüller (EE. UU.) debutó por todo lo alto en esta edición de los Juegos: fue tricampeón de natación y ganó una medalla de bronce con el equipo de waterpolo. En los Juegos de Ámsterdam 1928, sumaría 2 oros más. En los años siguientes, se convirtió en un famoso actor de Hollywood gracias a su papel de Tarzán, que interpretó en 12 películas.

LA DINASTÍA OLÍMPICA MÁS EXITOSA

El sueco Alfred Swahn obtuvo 3 medallas en tiro al ciervo en movimiento (1 plata individual y 2 bronces en equipo). En las ediciones anteriores de Londres, Estocolmo y Amberes había sumado 3 oros, 2 platas y 1 bronce; y su padre, Oscar Swahn, 3 oros, 1 plata y 2 bronces. En total, los Swahn acumularon 15 medallas, un récord familiar que perdura hasta hoy.

CARRERA DE SUPERVIVENCIA

Durante la prueba atlética de *cross-country* (campo a través) individual y por equipos hizo mucho calor: ¡alrededor de 40°C! Llegaban los humos nocivos de una central eléctrica cercana, lo que complicó la carrera. El sueco Edvin Wide se desmayó en la pista y tuvo que ser retirado en ambulancia. El británico Arthur Sewell, desorientado, corrió en dirección opuesta y chocó con otro corredor, lo que obligó a ambos a abandonar la carrera. Solo 15 de los 38 atletas lograron terminar la carrera individual, y 3 selecciones la de equipos.

¡EL DR. SPOCK ES UN CAMPEÓN OLÍMPICO!

El estadounidense Benjamin Spock estudiaba en la Universidad de Yale y practicaba remo. En los Juegos de París 1924, se convirtió en campeón olímpico en la prueba de ocho con timonel. Más tarde, muchos le conocieron como el Dr. Spock, pediatra, autor del libro superventas *Cuidado del bebé y del niño* (1946), que vendió 50 millones de copias en todo el mundo.

ESTÁNDAR OLÍMPICO

En estas Olimpiadas, se construyó una piscina con carriles de 50 m, delimitados por boyas de corcho, y quedó establecido el modelo para futuras piscinas olímpicas. El recinto acogió pruebas de natación, saltos y waterpolo. Hoy en día, la instalación permanece operativa y cuenta con un techo deslizante que permite tomar el sol.

LOS JUEGOS OLÍMPICOS DE NURMI

El corredor finlandés Paavo Nurmi se convirtió en la estrella de los Juegos de 1924. En apenas 4 días, conquistó los 3.000 m por equipos, la prueba de *cross-country* individual y por equipos y triunfó en los 1.500 m y 5.000 m individuales, corriendo estas dos últimas pruebas con solo una hora de diferencia. Finlandia fue el tercer país con más medallas en esta edición, solo por detrás de EE. UU. y de Francia. De los 14 oros que obtuvo, 5 fueron de Paavo Nurmi.

ÉXITO DE PÚBLICO

Los Juegos Olímpicos de 1924 fueron los primeros de la historia en los que se retransmitieron las competiciones por radio. También hubo un gran éxito de asistencia, con 625.000 espectadores en total. Los ingresos por taquilla superaron los 5 millones de francos de entonces. El atletismo generó 1,5 millones, y el fútbol, 1 millón.

LA BANDERA AL REVÉS COMO BUEN AUGURIO

Durante el debut de Uruguay en el torneo olímpico de fútbol, ¡los organizadores colgaron por equivocación la bandera del país latinoamericano del revés! Sin embargo, Uruguay iba muy en serio: el conjunto celeste ganó el oro en sus primeras Olimpiadas, derrotando con su espectacular y efectivo juego a Suiza en la final por 3-0.

«OTTAA RITOLAT»

En París, el finlandés Ville Ritola ganó 4 oros y 2 platas. En los 10.000 m, en ausencia de su compatriota, el gran Paavo Nurmi, Ritola superó a sus rivales por media vuelta y estableció un nuevo récord mundial. De ahí la expresión coloquial finlandesa *Ottaa Ritolat*, que incorpora su apellido y significa «tomar distancia».

ÁMSTERDAM

PAÍSES BAJOS, 1928

Cuando Ámsterdam acogió los Juegos Olímpicos, el mundo había empezado a dejar atrás la Primera Guerra Mundial. El deporte ganaba en popularidad y demanda, y los organizadores mejoraron la planificación de las competiciones. Fue la primera Olimpiada sin la presencia del impulsor de los Juegos modernos, el barón Pierre de Coubertin, después de su renuncia como presidente del COI. En esta edición, la participación femenina aumentó mucho y los atletas asiáticos ganaron medallas de oro por primera vez en la historia.

País ganador: EE. UU. – 56 (22) (18) (16)

Atleta ganador: Georges Miez (Suiza), gimnasia artística (3) (1)

Número de atletas y países: 2.883 atletas – 46 países

Número de deportes: 14 deportes – 109 competiciones

BRILLA INTENSAMENTE Y NUNCA SE APAGA

Una novedad destacada fue que la llama permaneció encendida durante todos los Juegos, ardiendo en un pebetero en lo alto de una torre diseñada por el arquitecto neerlandés Jan Wils.

ODA A ODA

El japonés Mikio Oda hizo historia con su triunfo en triple salto. Fue el primer asiático en obtener una medalla de oro olímpica en una prueba individual. Además, compitió en salto de longitud y salto de altura, aunque sin destacar en estas pruebas.

INAUGURACIÓN REAL SIN REINA

Los Juegos fueron inaugurados por el príncipe Hendrik de Holanda porque su madre, la reina Guillermina, se encontraba de vacaciones. Se dijo que estaba enfadada por no haber sido informada sobre la fecha exacta de la ceremonia. Sin embargo, antes de que terminaran las competiciones, la reina regresó e incluso participó en la entrega de medallas a los atletas.

LA BEBIDA QUE NUNCA FALLA

Coca-Cola fue el primer patrocinador oficial de unas Olimpiadas, estableciendo un precedente para el patrocinio deportivo que perdura hasta hoy. Antes de que empezaran los Juegos de Ámsterdam, la compañía envió un barco que cruzó el Atlántico para entregar en los Países Bajos 1.000 cajas de bebidas al equipo de Estados Unidos.

DÓNDE AMARRAR UN CABALLO DE HIERRO

Las 2.000 plazas de aparcamiento disponibles cerca del estadio no fueron suficientes para el gran número de coches que inundaron Ámsterdam durante los Juegos. La capital olímpica rápidamente estableció zonas adicionales y las marcó con una «P» blanca sobre un fondo azul, dando origen al signo internacional de aparcamiento.

EL NOVENO ORO DE NURMI EN LOS 10.000

El legendario corredor Paavo Nurmi, de Finlandia, ganó su novena y última medalla de oro en los 10.000 metros. En total, los representantes de Finlandia ganaron en 5 disciplinas de atletismo, solo superados por los Estados Unidos, que obtuvo 9 oros.

MAGOS DEL ESFÉRICO

El fútbol estaba en auge en Sudamérica, y Uruguay logró revalidar su título olímpico venciendo a Argentina en la final. Por su parte, India ganó su primera medalla de oro olímpica en hockey sobre hierba, comenzando una histórica racha de seis victorias olímpicas consecutivas.

CABALLEROSIDAD ACUÁTICA

El australiano Henry Pearce fue campeón de remo en Ámsterdam 1928. En los cuartos de final de *scull* individual, se detuvo y esperó a que unos patos terminaran de pasar delante suyo. Perdió varios segundos, pero este noble gesto no le impidió clasificarse. Pearce ganó luego la medalla de oro en la final de esta disciplina y se convirtió en una leyenda.

MÁS MUJERES

Ámsterdam significó un antes y un después en la participación femenina en los Juegos. Las mujeres compitieron por primera vez en atletismo. La alemana Lina Radke ganó la carrera de 800 m. pero la prensa criticó la idoneidad de las «carreras extenuantes para las mujeres» y la media distancia femenina no se volvió a incluir hasta 1960.

NOQUEADOS ANTES DEL GONG

Antes de la ceremonia de apertura, los atletas franceses intentaron explorar el complejo olímpico. Un guardia de seguridad les negó el acceso, a pesar de haber permitido la entrada previamente a la delegación alemana. Este incidente desencadenó un enfrentamiento que llegó a las manos, lo que provocó que los deportistas franceses se perdieran el desfile inaugural.

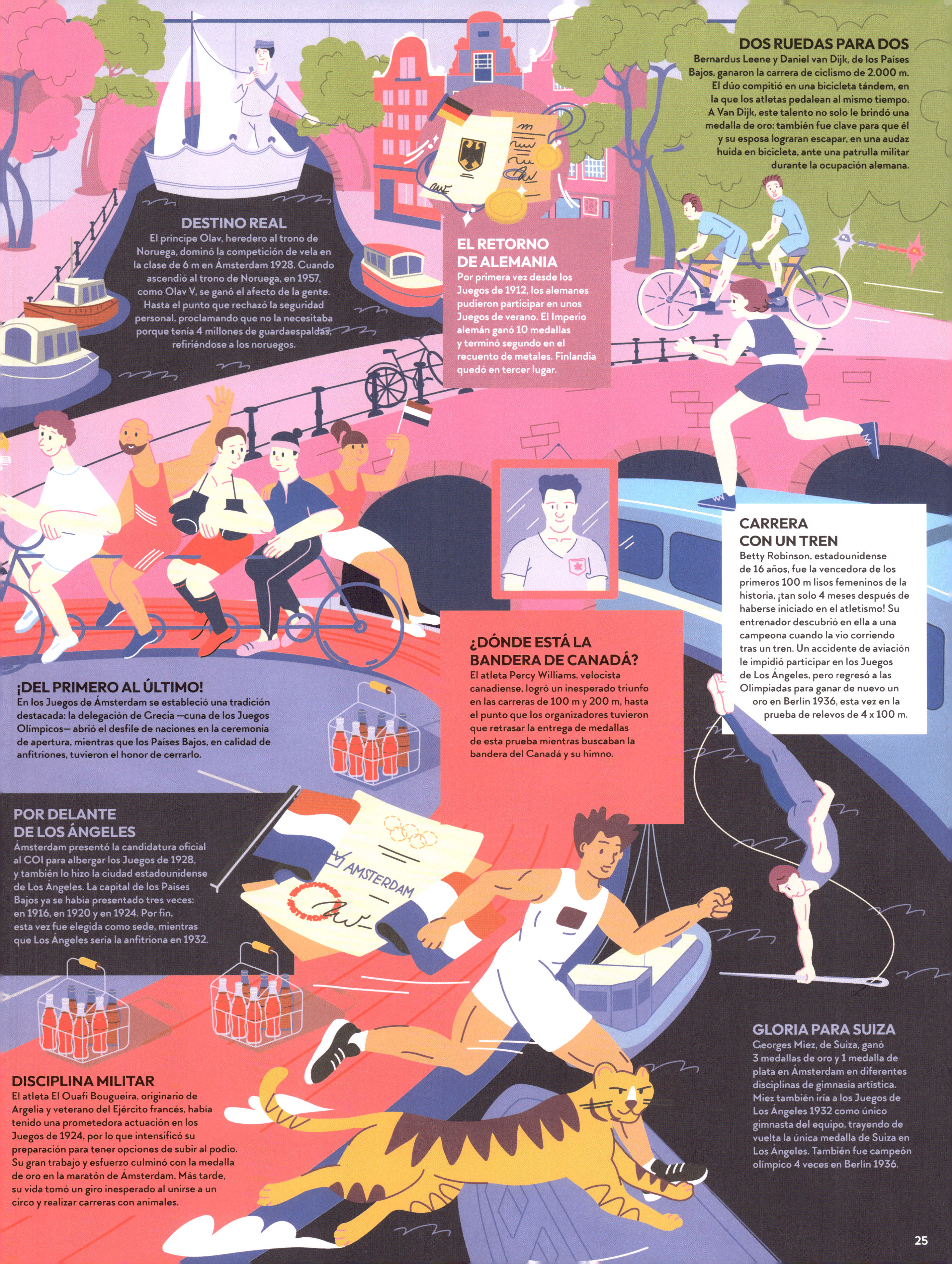

DESTINO REAL

El príncipe Olav, heredero al trono de Noruega, dominó la competición de vela en la clase de 6 m en Ámsterdam 1928. Cuando ascendió al trono de Noruega, en 1957, como Olav V, se ganó el afecto de la gente. Hasta el punto que rechazó la seguridad personal, proclamando que no la necesitaba porque tenía 4 millones de guardaespaldas, refiriéndose a los noruegos.

EL RETORNO DE ALEMANIA

Por primera vez desde los Juegos de 1912, los alemanes pudieron participar en unos Juegos de verano. El Imperio alemán ganó 10 medallas y terminó segundo en el recuento de metales. Finlandia quedó en tercer lugar.

DOS RUEDAS PARA DOS

Bernardus Leene y Daniel van Dijk, de los Países Bajos, ganaron la carrera de ciclismo de 2.000 m. El dúo compitió en una bicicleta tándem, en la que los atletas pedalean al mismo tiempo. A Van Dijk, este talento no solo le brindó una medalla de oro: también fue clave para que él y su esposa lograran escapar, en una audaz huida en bicicleta, ante una patrulla militar durante la ocupación alemana.

CARRERA CON UN TREN

Betty Robinson, estadounidense de 16 años, fue la vencedora de los primeros 100 m lisos femeninos de la historia, ¡tan solo 4 meses después de haberse iniciado en el atletismo! Su entrenador descubrió en ella a una campeona cuando la vio corriendo tras un tren. Un accidente de aviación le impidió participar en los Juegos de Los Ángeles, pero regresó a las Olimpiadas para ganar de nuevo un oro en Berlín 1936, esta vez en la prueba de relevos de 4 x 100 m.

¿DÓNDE ESTÁ LA BANDERA DE CANADÁ?

El atleta Percy Williams, velocista canadiense, logró un inesperado triunfo en las carreras de 100 m y 200 m, hasta el punto que los organizadores tuvieron que retrasar la entrega de medallas de esta prueba mientras buscaban la bandera del Canadá y su himno.

¡DEL PRIMERO AL ÚLTIMO!

En los Juegos de Ámsterdam se estableció una tradición destacada: la delegación de Grecia —cuna de los Juegos Olímpicos— abrió el desfile de naciones en la ceremonia de apertura, mientras que los Países Bajos, en calidad de anfitriones, tuvieron el honor de cerrarlo.

POR DELANTE DE LOS ÁNGELES

Ámsterdam presentó la candidatura oficial al COI para albergar los Juegos de 1928, y también lo hizo la ciudad estadounidense de Los Ángeles. La capital de los Países Bajos ya se había presentado tres veces: en 1916, en 1920 y en 1924. Por fin, esta vez fue elegida como sede, mientras que Los Ángeles sería la anfitriona en 1932.

DISCIPLINA MILITAR

El atleta El Ouafi Bougueira, originario de Argelia y veterano del Ejército francés, había tenido una prometedora actuación en los Juegos de 1924, por lo que intensificó su preparación para tener opciones de subir al podio. Su gran trabajo y esfuerzo culminó con la medalla de oro en la maratón de Ámsterdam. Más tarde, su vida tomó un giro inesperado al unirse a un circo y realizar carreras con animales.

GLORIA PARA SUIZA

Georges Miez, de Suiza, ganó 3 medallas de oro y 1 medalla de plata en Ámsterdam en diferentes disciplinas de gimnasia artística. Miez también iría a los Juegos de Los Ángeles 1932 como único gimnasta del equipo, trayendo de vuelta la única medalla de Suiza en Los Ángeles. También fue campeón olímpico 4 veces en Berlín 1936.

LOS ÁNGELES

ESTADOS UNIDOS, 1932

Las X Olimpiadas se inauguraron bajo el sol californiano en el renovado Coliseo de Los Ángeles, en medio de una dramática crisis económica mundial conocida como la Gran Depresión. Al igual que en los Juegos de San Luis 1904, el equipo estadounidense dominó en número de participantes —debido al largo y costoso viaje desde Europa, en aquel momento el continente con más naciones participantes—. A pesar de las adversidades, se establecieron 90 récords olímpicos y 18 marcas mundiales. En la sede de Los Ángeles se introdujeron importantes innovaciones. La medición hasta la décima de segundo en los tiempos cronometrados y la foto de llegada con marcas de tiempo incluidas transformaron la forma de registrar los triunfos olímpicos.

País ganador: EE. UU. – 110   44   36   30

Atleta ganador:
Helene Madison (EE. UU.), natación   3

Romeo Neri (Italia), gimnasia artística   3

Número de atletas y países: 1.334 atletas – 37 países

Número de deportes: 14 deportes – 117 competiciones

PIONERA DEL POLIDEPORTE

Mildred Didrikson fue una atleta estadounidense con un talento innato para el deporte. ¡Era buena en casi todas las disciplinas! Por eso lamentó que, en los Juegos de Los Ángeles, solo estuviera permitido competir en un máximo de 3. Didrikson ganó el oro en los 80 m vallas y en jabalina, y la plata en salto de altura. Más adelante se dedicó por completo al golf, donde su aptitud la llevó a ganar 82 torneos.

HOLLYWOODLAND

VAQUEROS DEL FAR WEST

El comité organizador de los Juegos decidió ambientar los Juegos en el Salvaje Oeste, por lo que la Villa Olímpica, construida por primera vez como un proyecto especial para las Olimpiadas, estaba custodiada por vaqueros a caballo. Únicamente los atletas vivían allí. Las atletas se hospedaron en uno de los hoteles de lujo de Los Ángeles, el Chapman Park Hotel, en Wilshire Boulevard.

SHERIFF

DÚO DORADO

Al heredar su título nobiliario, el barón Takeichi Nishi se convirtió, con tan solo 10 años, en uno de los hombres más ricos de Japón. En los Juegos de 1932, el joven aristócrata y su fiel caballo, Urano, que Nishi había adquirido en Italia, ganaron el oro en la competición individual de salto ecuestre. Esta medalla sigue siendo la única medalla olímpica de Japón en deportes ecuestres hasta la fecha.

VICTORIA Y SORPRESA

La atleta polaca Stanislawa Walasiewicz se llevó el oro olímpico en la final de la carrera de 100 m de Los Ángeles. A lo largo de su vida deportiva, Walasiewicz logró establecer 3 récords mundiales, incluidos los Juegos Mundiales Femeninos. Tristemente, fue asesinada en 1980, y la autopsia reveló que la atleta era intersexual: tenía genitales internos mixtos, tanto femeninos como masculinos.

DESAFÍO ENTRE LEYENDAS

Janusz Kusociński aspiraba a superar a los llamados «finlandeses voladores», que en las últimas ediciones de los Juegos habían dominado el medallero en las carreras de fondo. Y lo logró. El atleta polaco se alzó con el oro en los 10.000 m, en una carrera inolvidable. Llegó por delante de los finlandeses Volmari Iso-Hollo y Lauri Virtanen.

NIÑOS PRODIGIO

El equipo masculino de natación de Japón causó sensación en Los Ángeles al ganar 5 de las 6 medallas de oro posibles, además de 4 platas y 2 bronces. El vencedor de los 100 m libres, Yasuji Miyazaki, tenía solo 15 años de edad, y el ganador de los 1.500 m libres, Kusuo Kitamura, 14 años y 309 días, convirtiéndose en el campeón olímpico más joven entre los nadadores masculinos.

DISTURBIOS EN EL WATERPOLO

El partido de waterpolo entre Alemania y Brasil, que los alemanes ganaron por 7 goles a 3, terminó en pelea, con persecución del árbitro húngaro incluida. El colegiado fue acusado por los brasileños de falta de imparcialidad. Tuvo que intervenir la policía y el equipo brasileño acabó siendo descalificado. En la clasificación final, Hungría ganó el oro, Alemania la plata y los Estados Unidos el bronce.

¡OTRA VUELTA!

Debido a la negligencia del juez encargado de contar las vueltas en la final de los 3.000 m obstáculos, los competidores corrieron 460 m de más. Esto impidió que el finlandés Volmari Iso-Hollo estableciera un récord mundial. Pero, aun así, obtuvo su oro. En los Juegos de Berlín de 1936, Iso-Hollo defendió su título con éxito.

LA MÚSICA CALLEJERA ERA SU META

Istvan Pelle, húngaro, doctor en Derecho, ganó 2 medallas de oro y 2 de plata en gimnasia artística. Después de la Segunda Guerra Mundial, abandonó su país y se ganó la vida como músico callejero en Argentina, cautivando al público con su voz y su violín, antes de establecerse definitivamente en ese país.

TIEMPO DE GLORIA

El italiano Romeo Neri probó la natación, el atletismo, la halterofilia y el boxeo antes de consagrarse a la gimnasia. En Los Ángeles 1932, obtuvo 3 medallas de oro: en las barras paralelas y en los campeonatos individual y por equipos. En Berlín 1936, Neri tuvo que retirarse de la competición por un desgarro muscular en el brazo. Su ciudad natal, Rimini, le honró con un estadio de fútbol que lleva su nombre.

ICONO DEL JUEGO LIMPIO

Judy Guinness Penn-Hughes, esgrimista británica de florete, mostró su nobleza durante la final de esta disciplina al señalar que los jueces no habían contado dos toques válidos de su rival, la austriaca Ellen Preis. Finalmente, Preis obtuvo la medalla de oro y Guinness Penn-Hughes la de plata con la conciencia tranquila.

JABALINA POR GRANADAS

El finlandés Matti Järvinen estableció un récord olímpico al lanzar la jabalina a una distancia de 72,71 m. Durante la Segunda Guerra Mundial, el atleta utilizó su destreza para convertirse en instructor de lanzamiento de granadas en el frente.

UNO, DOS, TRES, ¡MEDALLISTA OLÍMPICO!

En el torneo de hockey sobre hierba solo hubo 3 participantes: India, Japón y los Estados Unidos. Esta fue la única razón de que los estadounidenses obtuvieran la medalla de bronce, a pesar de sus contundentes derrotas ante Japón (9-2) e India (24-1), plata y oro, respectivamente.

INNOVACIONES

Los Juegos de 1932 marcaron el inicio de algunas tradiciones olímpicas icónicas. Una de ellas fue el uso de un podio de tres niveles para la ceremonia de premios y el izado de la bandera del país de los campeones, así como la interpretación del himno nacional correspondiente en su honor. Estos Juegos también destacaron por su corta duración, solo 16 días, sentando un precedente para futuras ediciones, que oscilan entre los 15 y 18 días.

CONTRA VIENTO Y MAREA

El británico Tommy Green no caminó hasta los 5 años por culpa del raquitismo que padeció de pequeño. Más adelante, en el Ejército, sufrió un accidente: un caballo cayó sobre él. También fue herido 3 veces y fue víctima de un envenenamiento severo por gas mientras luchaba en el frente en Francia durante la Gran Guerra. Pese a todo ello, un amigo suyo lo animó a practicar la marcha, y en Los Ángeles, Green ganó el oro en los 50 km marcha, prueba que se estrenaba en esos Juegos.

EL FÚTBOL NO DESPEGÓ

En esta edición, el torneo de fútbol fue excluido del programa olímpico. Según la versión oficial, el motivo fue la escasa cantidad de equipos participantes, por las múltiples ausencias europeas. Es cierto que tan solo 4 equipos europeos habían participado en la primera Copa Mundial de la FIFA en Uruguay un par de años antes, pero también había otra razón: el fútbol (*soccer* en inglés americano) no era nada popular en los Estados Unidos.

EXPRESO DE MEDIANOCHE

El velocista Eddie Tolan (Estados Unidos), conocido con el sobrenombre de «Midnight Express», corría con sus gafas pegadas a las sienes y un chicle en la boca para marcar el ritmo. En Los Ángeles, Tolan se colgó 2 medallas de oro, en los 100 m y los 200 m. Su victoria en la primera prueba tuvo que ser decidida mediante la foto de llegada, ya que su compatriota Ralph Metcalfe marcó un mismo tiempo de 10,38 segundos.

LO QUE EL VIENTO OLÍMPICO SE LLEVÓ

La nadadora estadounidense Helene Madison batió 16 récords mundiales en solo 16 meses, entre 1930 y 1931. En los Juegos de 1932, ante sus compatriotas, Madison ganó los 100 m libres, los 400 m libres y los relevos de 4 x 100 m. Celebró su victoria bailando en un club con el adorado actor Clark Gable, protagonista de *Lo que el viento se llevó*.

XI BERLÍN

ALEMANIA, 1936

A pesar de las alertas lanzadas por algunos periodistas sobre la verdadera naturaleza de la Alemania nazi (el Tercer Reich), liderada por Adolf Hitler, estas advertencias no fueron suficientes para el Comité Olímpico Internacional, que declaró que no había elementos que «debilitaran el movimiento olímpico» en Alemania. El COI mantenía su idea de que el deporte era «apolítico». En 1939, las alarmas se convirtieron en hechos y Alemania desencadenó con sus invasiones militares la Segunda Guerra Mundial.

País ganador: Alemania – 101 medallas 38 31 32

Atleta ganador: Jesse Owens (EE. UU), atletismo 4

Número de atletas y países: 3.963 atletas – 49 países

Número de deportes: 19 deportes – 129 competiciones

RESURGIMIENTO ALEMÁN

Berlín ya fue designada como sede de los Juegos en 1916, pero no se celebraron debido a la Primera Guerra Mundial. La edición de 1936 fue una oportunidad para que los anfitriones demostraran al mundo el impresionante avance tecnológico del Tercer Reich.

INTENTO FALLIDO

La Alemania nazi había iniciado la persecución de judíos o «no arios», y Hitler quiso utilizar los Juegos de Berlín para demostrar su teoría de «la superioridad de la raza aria». Pero los triunfos del atleta negro Jesse Owens, que ganó 4 medallas de oro, arruinaron sus pretensiones.

UNA CARRERA INOLVIDABLE

La prueba de 800 m fue espectacular. John Woodruff, un joven atleta negro estadounidense con poca experiencia, quedó «encerrado» en el interior del grupo, a 300 m de la meta. Sin opciones para adelantar, decidió frenar y bajar a la última posición para luego superar con sus largas zancadas a sus rivales por el exterior y ganar el oro.

BERLÍN, NUEVA OLIMPIA

Por primera vez, más de 3.000 corredores transportaron la llama olímpica desde Olimpia hasta Berlín. La propaganda nazi empleó la llama para simbolizar la unión entre la antigua cultura griega y la alemana moderna.

EL CABALLO DESAPARECIDO

Uno de los atletas del concurso completo ecuestre (pruebas de doma, saltos de obstáculo y campo a través) se enfrentó con un reto inesperado: ¡pasó 3 horas tratando de atrapar a su caballo, que se le había escapado!

UNA MEDALLA PARA LA PROPAGANDA

La directora de cine alemana Leni Riefenstahl creó, bajo la supervisión de Joseph Goebbels, ministro de Propaganda del Tercer Reich, el documental *Olympia*, dedicado a los Juegos de Berlín. En 2001, Riefenstahl recibió una medalla de oro del COI, originalmente concedida en 1939, en reconocimiento a su obra maestra.

EL MUNDO, PREOCUPADO

Dos años antes de los Juegos, funcionarios del COI visitaron Berlín a causa de las noticias y rumores sobre la represión y discriminación llevadas a cabo por los nazis. Sin embargo, se encontraron con una ciudad aparentemente normal: los nazis habían ocultado cualquier rastro de antisemitismo y llevaron a varios judíos a una reunión para representar esta normalidad.

75% DE ENTRETENIMIENTO, 25% DE PROPAGANDA

Como ministro de Propaganda nazi, Joseph Goebbels organizó la primera retransmisión en vivo de unos Juegos Olímpicos por televisión. Tres cámaras mostraban la competición a una audiencia de más de 150.000 espectadores en todo el mundo. En Berlín y otras ciudades, los alemanes se reunían en «salas con televisión» para ver tanto la exhibición deportiva como el milagro tecnológico nazi.

ROBLE OLÍMPICO

Además de medallas de oro, los ganadores recibieron una corona y también un roble en una maceta, para plantarlo en su país y difundir el espíritu olímpico. Los robles de los atletas alemanes fueron plantados alrededor del estadio olímpico.

OLIMPIADAS DE LUJO

Aunque, inicialmente, Adolf Hitler se había opuesto a la celebración de los Juegos en Berlín, luego vio en ellos la oportunidad y no escatimó en gastos para el evento. Una lujosa Villa Olímpica acogió a los atletas. La magnificencia de las XI Olimpiadas fue impresionante, hasta el punto de que el presidente del COI afirmó que el Führer era «una de las personas más creativas de nuestra era».

IRONÍA PACIFISTA

En la ceremonia de apertura, Adolf Hitler liberó 20.000 palomas de la paz. A su vez, como gesto pacifista y de buena voluntad, el Führer recibió un ramo de olivo de manos de Spyridon Louis —primer ganador de la maratón en los Juegos modernos y presidente honorario de la delegación griega en Berlín 1936—. Todo ello, a poco de desencadenarse la guerra más devastadora de la historia.

UNA CALLE PARA EL-TOUNI

El egipcio Khadr El-Touni se convirtió en una superestrella de Berlín 1936: ganó el oro en halterofilia en la categoría de peso medio, por delante de dos campeones mundiales alemanes en su propia casa. En su honor, Hitler puso su nombre a una calle.

HORA DE CONTAR EL DINERO

Cuando, en 1896, el barón de Coubertin decidió recuperar los Juegos Olímpicos, no los concibió como un negocio. Sin embargo, en 1936, con más de 4 millones de espectadores, las Olimpiadas adquirieron una dimensión comercial significativa.

BARCELONA, ALTERNATIVA PARA EL BOICOT

Internacionalmente, se promovió un boicot a los Juegos de la Alemania nazi en Berlín, en favor de que se celebrara la llamada Olimpiada Popular en Barcelona. Aunque los preparativos avanzaron, el esplendor del nuevo estadio berlinés y de la Villa Olímpica sedujeron más al COI. El clima de guerra civil en España —el conflicto estalló en el verano de 1936— sentenció la iniciativa.

LA CAMPEONA MÁS JOVEN

Marjorie Gestring sigue siendo la atleta más joven de Estados Unidos en ganar en unos Juegos Olímpicos de verano. Logró un oro en salto de trampolín de 3 m a los 13 años.

LOS JUEGOS DEL LEGENDARIO OWENS

Con su salto de 8,06 m en longitud, el atleta negro estadounidense Jesse Owens logró un impresionante récord olímpico, no superado hasta 1960. Además, el saltador y velocista igualó el récord mundial de los 100 m y estableció uno nuevo en los 200 m. Su cuarta medalla de oro en Berlín la obtuvo en relevos de 4 x 100 m, prueba en la que los Estados Unidos establecieron también un récord mundial. Owens se convirtió en una leyenda.

CON LAS GAFAS PUESTAS

Annibale Frossi, delantero del Inter y de la escuadra italiana, fue uno de los pocos jugadores que usó gafas. Quién sabe si sin ellas hubiera marcado también 2 goles contra Austria en la final, asegurando el primer y último oro olímpico de fútbol para su selección.

EL OLYMPIASTADION

El principal recinto de competición de los Juegos de Berlín, el Olympiastadion, incluía una pista de hockey, un área de equitación, una piscina y un estadio con capacidad para más de 100.000 personas. La deslumbrante ceremonia de apertura, con la presencia de Hitler, se transmitió en vivo por primera vez desde el Olympiastadion, que hoy forma parte de un amplio complejo deportivo.

RACISMO, FUERA Y EN CASA

Aunque Hitler rechazó estrechar la mano de Jesse Owens, cuádruple campeón olímpico, por el color de su piel, al atleta estadounidense lo afectó más otro rechazo: el presidente de los Estados Unidos, Franklin D. Roosevelt, ni lo felicitó tampoco ni lo invitó a la Casa Blanca, un gesto que Owens encontró mucho más humillante que el del Führer.

HELSINKI

FINLANDIA, 1940

Aunque en la Grecia antigua la Tregua Olímpica detenía todas las hostilidades entre las ciudades griegas y fomentaba las buenas relaciones entre ellas, en los Juegos de la era moderna la guerra siempre ha pasado por encima del deporte. En esta ocasión, estaba previsto que la llama olímpica se encendiera en Tokio. Sin embargo, en 1937, Japón inició una guerra contra China y declinó ser sede de las Olimpiadas. El COI trasladó el acontecimiento a Finlandia. Pero, en 1939, Alemania invadió Polonia y las tropas de la URSS entraron en Polonia y cruzaron también la frontera finlandesa. Así comenzó la Segunda Guerra Mundial.

Cancelados debido a la Segunda Guerra Mundial

NO HABRÁ OLIMPIADAS

Cuando finalizó la llamada Guerra de Invierno entre finlandeses y soviéticos en la Segunda Guerra Mundial, aún quedaban unos meses para el inicio previsto de los Juegos de Helsinki 1940. Optimistas, los anfitriones creían todavía que podrían organizarlos y mostrar al mundo que Finlandia resistía. Pero, al mes siguiente, Alemania comenzó la ocupación de Dinamarca y Noruega y quedó claro que no sería posible mantener la cita olímpica por la situación de guerra en el mundo.

«NO LUCHASTE EN VANO, NO CAÍSTE EN VANO»

En julio de 1940, en el Estadio Olímpico de Helsinki (Helsingin Olympiastadion) se celebraron competiciones deportivas en honor a los atletas muertos en el frente. Entre el público había un centenar de veteranos en sillas de ruedas. El escritor finlandés Yrjö Jylhä, quien también participó en la Guerra de Invierno, leyó su poema «Ganadores silenciosos» ante la emoción del público asistente.

POR UN DÍA

El mejor año en la carrera deportiva del atleta finlandés Gunnar Höckert fue 1936: ganó una medalla de oro en los 5.000 m en los Juegos Olímpicos de Berlín, y en ese mismo año estableció 2 récords mundiales en los campeonatos de Estocolmo. Pero primero la artritis y luego la invasión soviética de Finlandia impidieron que Gunnar continuara con su prometedora carrera deportiva. Murió en el frente, en 1940, un día antes de cumplir los 30 años.

DEL CAMPO DE JUEGO AL DE BATALLA

Deportistas olímpicos y no olímpicos, de todos los países que se vieron involucrados en la Segunda Guerra Mundial tuvieron que abandonar sus entrenamientos y muchos de ellos fueron enviados al frente y perdieron la vida. Fue el caso del joven Grenville Roberts, delantero del Nottingham Forest, quien fue herido de muerte en Dunkerque, en 1940.

ATLETA Y ARTILLERO

Arno Almqvist fue un pentatleta finlandés. Nacido en 1881, quedó el vigésimo en esta modalidad deportiva en los Juegos de Estocolmo de 1912. Lo hizo representando al Imperio ruso (del que su país formaba parte en aquel momento). Almqvist luchó como artillero en la Primera Guerra Mundial. En 1940, ¡todavía era capaz de recorrer 100 km en bicicleta! Falleció ese mismo año en uno de los bombardeos de la Segunda Guerra Mundial sobre la ciudad finlandesa de Mikkeli.

PROBLEMAS DE DENOMINACIÓN

Los finlandeses tuvieron dudas a la hora de escoger la manera de nombrar el evento de los Juegos en lengua finesa. ¡Incluso consultaron a lingüistas! Las opciones eran: *olympialaiset*, *olympialaiskisat*, *olympialaiset kisat*, *Olympian kisat*, *olympiakisat*... El término elegido finalmente fue *olympialaiset*.

UNAS OLIMPIADAS CLANDESTINAS

En el campo de prisioneros de guerra de Núremberg-Langwasser, los alemanes prohibieron a los prisioneros practicar deportes. Aun así, en 1940, los cautivos lograron celebrar unas Olimpiadas clandestinas. Hicieron una bandera con la camisa de un prisionero polaco, en la que pintaron los anillos olímpicos y las banderas de sus respectivos países. Los competidores recibieron unas medallas hechas de cartón.

ELECCIÓN CONTROVERTIDA

En 1938, la Alemania nazi estaba siendo escenario de una intensa violencia antisemita. Aun así, el COI decidió otorgar la organización de los Juegos de invierno de 1940 a la ciudad alemana de Garmisch-Partenkirchen, en los Alpes bávaros. Se daba la circunstancia de que ya había sido sede de las Olimpiadas invernales en 1936, que transcurrieron sin incidentes. Esta polémica decisión se vio afectada por el inicio de la Segunda Guerra Mundial, y la competición fue cancelada.

DESTINO BÉLICO

Japón tenía grandes planes para Suzuki Monta en su participación en Helsinki 1940. En los Juegos anteriores, el velocista había alcanzado los cuartos de final en la carrera de 100 m y se esperaba de él que se superase en futuras competiciones. Pero Monta se alistó como voluntario en el Ejército imperial japonés y murió en la guerra contra China en 1939.

UN BUEN ATLETA NO SIEMPRE ES BUENA PERSONA

En 1938, el mariscal Walter von Reichenau, figura clave en el desarrollo de la Wehrmacht, las Fuerzas Armadas de la Alemania nazi, se convirtió en miembro del COI. Amaba el deporte, pero aún más al ejército. Von Reichenau afirmaba que «un buen atleta es un buen soldado». Bajo su mando, durante la Segunda Guerra Mundial, se cometieron numerosos crímenes de guerra contra la comunidad judía.

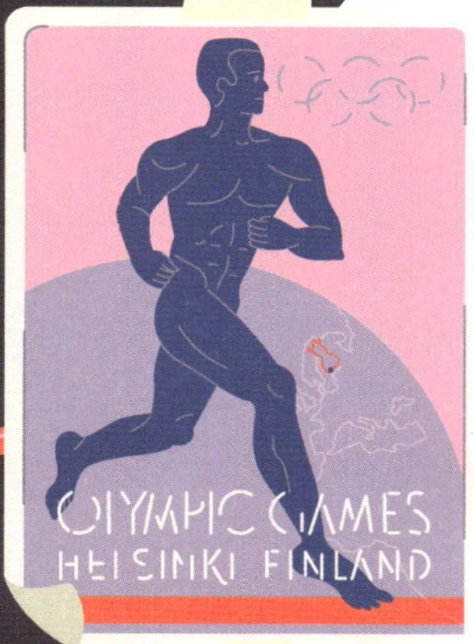

UN CARTEL CON HISTORIA

Finlandia creó un póster oficial para los Juegos de Helsinki 1940 con la figura de Paavo Nurmi, célebre corredor de larga y media distancia finlandés y 9 veces campeón olímpico. Nurmi corría sobre un globo terráqueo de fondo en el que se silueteaba Finlandia, con Helsinki destacada con un punto. El mundo no conocería este cartel hasta 12 años después, cuando finalmente la ciudad pudo albergar los Juegos Olímpicos de 1952.

LA FOTO SALVAVIDAS

Maria Kwaśniewska tenía una fotografía con Adolf Hitler de cuando ganó una medalla de bronce como lanzadora de jabalina en Berlín 1936. En 1944, esta imagen, de la que siempre se había avergonzado, ayudó a salvar a unos 4.000 prisioneros de un campo de concentración. Maria hacía viajes al campo de Dulag 121 como conductora de ambulancia para transportar heridos, y usó la foto para dar confianza a los guardas mientras ayudaba a los presos a fugarse.

PROHIBIDAS LAS COMPETICIONES

Tras ocupar Polonia, los nazis prohibieron las competiciones y cerraron clubes y asociaciones deportivas. Para mantenerse, Maria Kwaśniewska, bronce en lanzamiento de jabalina en los Juegos de Berlín, trabajó por un tiempo en Pod Kogutem (Posada de los Deportistas), abierta en 1939 y repleta de fotos de atletas en las paredes, entre ellas la suya con Hitler en el estadio olímpico de Berlín.

POD KOGUTEM

OPEN

Además de Kwaśniewska, otros campeones olímpicos polacos trabajaron en Pod Kogutem para ganarse la vida, como el fondista Janusz Kusociński o la tenista Jadwiga Jędrzejowska. El bar era un centro de reunión de la Resistencia polaca y por sus mesas circulaba la prensa clandestina.

HÉROES CAÍDOS

El corredor de fondo Janusz Kusociński defendió a Polonia en las filas del Ejército durante la invasión nazi de su país en 1937. Tras ser herido en el frente, se unió al movimiento de Resistencia. Trabajó en la posada Pod Kogutem junto con la también atleta y resistente Maria Kwaśniewska. Janusz fue arrestado por la Gestapo y fusilado en 1940. El principal torneo de atletismo de Polonia lleva su nombre en su homenaje: Memorial Kusociński.

POR UN DÍA

En los Juegos de 1924, el finlandés Jaakko Luoma corrió la final de los 1.500 m y quedó en la 12.ª posición, la última. Pasados 16 años de aquella mala jornada, el número 12 volvió a serle adverso: Luoma falleció un 12 de marzo de 1940 en la Guerra de Invierno entre Finlandia y la Unión Soviética, solo un día antes de que terminara el conflicto.

LA PRIMERA MEDALLA, ¡PARA EL ARQUITECTO!

El Estadio Olímpico de Helsinki, inaugurado en 1938, fue un modelo arquitectónico de funcionalidad. A causa de la guerra, pasaron 14 años antes de que atletas olímpicos pudieran competir en él; pero, curiosamente, durante este periodo uno de los arquitectos, Yrjö Lindegren, obtuvo la medalla de oro por el proyecto en la categoría de Arquitectura en los Juegos Olímpicos de 1948.

HACIA EL HOGAR

John Lander fue un remero británico que ganó la medalla de oro en los Juegos de 1928. En 1941, a Lander se le ofreció un prestigioso trabajo que lo llevó de vuelta a Hong Kong, donde había crecido. Lander murió durante la defensa del Fuerte Stanley en Hong Kong ese mismo año. Fue uno de los dos medallistas olímpicos británicos fallecidos en la Segunda Guerra Mundial.

MEDALLAS DE LA AMISTAD

En los Juegos de Berlín 1936, dos saltadores con pértiga japoneses obtuvieron el mismo resultado. Ambos se negaron a desempatar porque eran muy amigos. Así que la plata fue para Shuhei Nishida, que había saltado primero, y el bronce para Sueo Ōe. Al regresar a Japón, los dos atletas decidieron cortar sus medallas por la mitad y combinar una mitad de plata con otra de bronce. Las medallas fueron llamadas «medallas de la amistad».

LONDRES

REINO UNIDO, 1944

En verano de 1944, la Segunda Guerra Mundial estaba entrando en su etapa final, aunque los Juegos de la XIII Olimpiada, adjudicados a Londres, todavía no pudieron celebrarse. Gracias a la Operación Normandía, los aliados habían abierto un segundo frente en Europa contra la Alemania nazi, pero faltaba un año para la rendición del Tercer Reich, y los deportes no figuraban entre las prioridades de los contendientes. El mundo pagó un alto precio por este conflicto devastador, que dejó varias decenas de millones de muertos.

Cancelados debido a la Segunda Guerra Mundial

CELEBRANDO EL DEPORTE

En 1944, el COI celebró simbólicamente su 50.° aniversario, en Suiza. A pesar de la lluvia, jóvenes atletas exhibieron sus habilidades frente a la Universidad de Lausana. Marie Rothan, la viuda de Pierre de Coubertin, fallecido en 1937, participó en la ceremonia depositando una corona en la tumba de su marido.

LA ELEGIDA

La decisión de celebrar los Juegos de 1944 en Londres se tomó en una sesión del Comité Olímpico Internacional en el verano de 1939, antes de que estallara de nuevo la guerra. La candidatura británica superó a las de Atenas, Budapest, Helsinki, Detroit, Lausana, Montreal y Roma.

MEDALLISTA Y... PERSONAJE LITERARIO

El famoso escritor estadounidense F. Scott Fitzgerald, que vivió la Primera Guerra Mundial, creó al famoso protagonista de su novela *El Gran Gatsby* (1925), Tom Buchanan, inspirándose en Tommy Hitchcock: un piloto veterano de guerra y brillante jugador de polo, medalla de plata en los Juegos de París 1924. Reconocido por su atractivo físico, Hitchcock vivió también la Segunda Guerra Mundial. Ya mayor para el combate aéreo, se convirtió en instructor. Falleció en un accidente aéreo en 1944.

NO EL PRIMERO, PERO SÍ EL MÁS RÁPIDO

En los Juegos Olímpicos de Berlín 1936, el corredor estadounidense Louis Zamperini, de 19 años, terminó octavo en los 5.000 m. Sin embargo, corrió la última vuelta más rápido que los demás e incluso fue felicitado por Adolf Hitler. Al comenzar la guerra, Zamperini se unió a las Fuerzas Aéreas de su país, donde sirvió como piloto de bombarderos pesados, combatiendo contra Alemania.

MUERTE EN AUSCHWITZ

Stella Agsteribbe era una gimnasta neerlandesa judía. Había ganado una medalla de oro con el equipo nacional en los Juegos de Ámsterdam 1928. Después de la ocupación nazi de los Países Bajos, ella, su marido y sus hijos fueron deportados al campo de concentración de Auschwitz. Junto con otras tres atletas del equipo olímpico y su entrenador, murieron en los campos de prisioneros por su origen judío.

OLIMPIADAS ENTRE REJAS

En julio y agosto de 1944, los administradores de los campos de prisioneros de Groß Born y Woldenberg, en el este de Alemania, organizaron unos Juegos para los prisioneros. El programa incluía fútbol, balonmano, voleibol, ajedrez, atletismo y un concurso de arte. La mayoría de los participantes fallecieron durante el año siguiente, antes de que pudieran ser liberados.

LA RESISTENCIA DE UN FONDISTA...

Mientras pilotaba su avión de combate de las Fuerzas Aéreas estadounidenses, el corredor olímpico de los 5.000 m Louis Zamperini fue derribado sobre el océano Pacífico por los japoneses. Tras pasar 47 días a la deriva en una balsa, él y otro superviviente fueron capturados y se convirtieron en prisioneros de guerra. Sufrieron dos años de maltratos en campos de prisioneros japoneses, antes de que Zamperini finalmente pudiera regresar a su hogar.

... Y EL PERDÓN

Mutsuhiro Watanabe era un guardia del campamento de prisioneros de guerra de Omori, donde se ensañaba a diario con los detenidos, en particular con el atleta Louis Zamperini. Por casualidades de la vida, durante los Juegos Olímpicos de 1998 en Nagano, Zamperini llevó la antorcha olímpica y pasó frente a la que había sido su prisión. Pidió ver a Watanabe. Este se negó, pero Zamperini decidió perdonarlo.

AÑORANZA MORTAL

El barón japonés Takeichi Nishi y su caballo Urano habían ganado el campeonato individual de salto ecuestre en Los Ángeles 1932. Cuando el jinete murió en la batalla de Iwo Jima, en 1945, Urano murió de tristeza una semana más tarde. En la película de Clint Eastwood *Cartas desde Iwo Jima*, Takeichi Nishi es uno de los personajes principales.

MISIONES ENCUBIERTAS

Como otros deportistas que aprovecharon su resistencia física, coraje y contactos durante la guerra, el italiano Gino Bartali, vencedor del Tour de Francia en 1938, colaboró con la Resistencia en su país como mensajero militar: debajo del asiento de su bicicleta llevaba documentos falsos que permitían a judíos cruzar la frontera.

LAS DOS CARAS DE KARL

A mediados de la década de 1930, Karl Ritter von Halt, atleta participante en los Juegos Olímpicos de 1912 en Estocolmo, estaba estrechamente vinculado con Hitler. A su vez, Von Halt era miembro del Comité Ejecutivo del COI. Y se encargó de crear la ilusión para el mundo de que Alemania era un país libre de antisemitismo, al mismo tiempo que hacía todo lo posible por evitar que los atletas judíos participaran en los Juegos de 1936.

CASTIGO SIN CASTIGO

Después de la derrota de Alemania, Karl Ritter von Halt fue confinado en el campo de Buchenwald, que pasó a ser administrado por el NKVD durante la ocupación soviética. La URSS quería ser miembro del COI, y el presidente del COI, Sigfrid Edström, quería liberar a su amigo. En 1950, Von Halt regresó a Múnich y más tarde se convirtió en el presidente del Comité Olímpico de Alemania Occidental.

SIN RACISMO

En los Juegos Olímpicos de 1936, el alemán Luz Long aconsejó a su oponente afroamericano Jesse Owens que retrocediera un paso más para no fallar en la clasificación de salto de longitud. Jesse siguió el consejo y ganó el oro. Long obtuvo la plata. Se hicieron amigos de por vida e intercambiaron cartas incluso cuando Long fue reclutado en el ejército alemán, donde murió en 1943.

MEDALLAS PARA EL ALMA

Las actividades secretas de Gino Bartali salvaron la vida a cientos de judíos, pero él nunca hablaba de ello. El laureado ciclista decía: «El bien se hace, pero no se dice. Algunas medallas están hechas para colgarse en el alma, no en la chaqueta».

EL HUMANO MÁS RÁPIDO

Así es como tituló su autobiografía, escrita en 1932, el estadounidense Charlie Paddock. El famoso velocista participó en tres Olimpiadas —Amberes 1920, París 1924 y Ámsterdam 1928—, en las que se colgó 2 medallas de oro y 2 de plata, además de lograr varios récords mundiales. Veterano de la Primera Guerra Mundial, durante la Segunda Paddock regresó al ejército. Murió en un accidente aéreo en 1943 en Alaska.

AUSENCIA OLÍMPICA

Lilli Henoch fue una brillante atleta alemana de los años veinte del siglo pasado. En esa década, obtuvo 10 victorias en campeonatos nacionales (en 4 disciplinas distintas) y estableció varios récords mundiales. Sin embargo, Henoch se quedó sin poder participar en los Juegos de 1920 y de 1924 por el veto a la derrotada Alemania. Más tarde, en la edición de Berlín 1936, su país le prohibió competir por su ascendencia judía, por la que fue deportada y ejecutada en 1942.

IMITAR Y SUPERAR

«Si crees que puedes, puedes», dijo el gran velocista Charlie Paddock a los niños de una escuela de Cleveland después de haber ganado en los Juegos de 1920. Bromeando, sugirió que entre ellos podría haber un futuro campeón olímpico. Tenía razón: entre ellos estaba un joven Jesse Owens, quien ganó 4 oros en Berlín 1936 y se convirtió en una leyenda olímpica.

COMPASIÓN DEPORTIVA

Georges André, un atleta francés muy completo, tomó parte en 4 ediciones de los Juegos Olímpicos. Durante la Primera Guerra Mundial, resultó herido y fue capturado. Y, como él mismo admitió más tarde, el deporte salvó su vida: el alemán que lo capturó era un entusiasta corredor, por lo que no ejecutó al prisionero. Sin embargo, durante la Segunda Guerra Mundial, su suerte terminó: murió en combate a la edad de 53 años.

DOS GUERRAS ENCADENADAS

A España se le juntaron dos conflictos bélicos: a la imposibilidad de acudir a Berlín 1936 debido a la Guerra Civil (1936-1939) en la que había estado inmersa, le siguió la larga pausa olímpica de la Segunda Guerra Mundial. Hasta ese momento, el balance de medallas español era discreto: 2 de oro, 2 de plata y 1 de bronce, repartidas en 5 participaciones: 1900, 1920, 1924, 1928 y 1932.

LA FUERZA DE LA AMISTAD

Poco antes de morir, Luz Long pidió a a Jesse Owens que fuera el padrino en la boda de su hijo Kai. En 1950, Owens pudo cumplir la petición. En 2009, su nieta, Marlene Dortch, y Kai Long otorgaron las medallas de salto largo en el Campeonato Mundial de Atletismo en Berlín.

LONDRES

REINO UNIDO, 1948

El retorno de los Juegos después de la Segunda Guerra Mundial no contó con atletas de Alemania ni Japón, los países agresores derrotados. El mundo todavía se estaba recuperando de la enorme devastación. El Reino Unido atravesaba una grave crisis económica de posguerra: se vivía en condiciones de estricta austeridad y la comida se distribuía únicamente mediante cupones de racionamiento. Muchos creían que no era momento para celebrar las XIV Olimpiadas. Sin embargo, armándose de determinación, Londres acogió los que han pasado a la historia como «Juegos austeros».

País ganador:
EE. UU. – 84 medallas 38 27 19

Atleta ganador:
Fanny Blankers-Koen (Países Bajos), atletismo 4

Número de atletas y países: 4.104 atletas – 59 países

Número de deportes: 17 deportes – 136 competiciones

RELEVO DE PAZ

En el Estadio de Wembley, 85.000 espectadores presenciaron el inicio de los Juegos, inaugurados con una salva de 21 cañonazos. El rey Jorge VI dio la bienvenida al relevo de la llama olímpica, que fue encendida por el corredor británico John Mark.

HUEVOS PARA LA CAPITAL OLÍMPICA

Los organizadores británicos ahorraban en lo que podían. Había escasez de combustible, así que los atletas iban a las competiciones en transporte público. También faltaba comida: los participantes debían conformarse con el racionamiento o cocinar en casa. Para ayudar, Dinamarca proporcionó 160.000 huevos, y los Países Bajos, más de 100.000 kilogramos de fruta.

BIENVENIDA GANANCIA

Los organizadores de Londres 1948 sabían que no podían endeudarse. Su objetivo y su previsión era alcanzar un superávit considerable. Al final, sumaron un beneficio de 29.000 libras. Era una cantidad modesta de dinero, pero muy importante cuando un país está al borde de la bancarrota. La deuda nacional era de casi el 250 % del PIB.

ESTOQUE CONTRA LA DESESPERACIÓN

Ilona Elek, una esgrimista húngara de origen judío, hizo enfadar bastante a Hitler con su victoria en florete individual en los Juegos de Berlín 1936. Pasados 12 años, a la edad de 41, finalmente pudo revalidar su oro olímpico en Londres. En los siguientes Juegos, en Helsinki 1952, agregó una plata olímpica en la misma categoría.

TRIPLE EMPATE

En la prueba de potro con arcos, las medallas fueron todas para un solo país, ya que 3 gimnastas de Finlandia obtuvieron la misma puntuación y compartieron el oro. La gimnasia artística fue una fuente de éxitos para los finlandeses: en estos Juegos obtuvieron un total de 10 medallas, 6 de ellas de oro.

¡DEVUELVAN LAS MEDALLAS!

El equipo de Estados Unidos, vencedor en la prueba masculina de relevos 4 x 400 m, fue inicialmente descalificado por decisión de los jueces. Estos consideraron que el paso del testigo entre los corredores Barney Ewell y Lorenzo Wright se había producido fuera de la zona reglamentaria. Pero, en una revisión más detallada, resolvieron que la acción era correcta. El conjunto estadounidense fue el triunfador final de la prueba.

ES POSIBLE: AMA DE CASA, MADRE Y GRAN ATLETA

Los periodistas y muchas otras personas aconsejaron a la atleta neerlandesa Fanny Blankers-Koen que, en lugar de correr, se quedara en casa y se ocupara de sus hijos. Sin embargo, 4 medallas olímpicas en las carreras de los 100 m, 200 m, 80 m vallas y relevos femeninos 4 x 100 m demostraron sobradamente que ni ser mujer ni ser madre eran un obstáculo para alcanzar el éxito deportivo mundial.

FUERZA IMPULSORA

Los bloques de salida fueron una innovación tecnológica de estos Juegos. Apoyando sus pies en un soporte sólido, los atletas salían disparados como una flecha desde el inicio de la carrera. Hoy en día, los bloques de salida son un mecanismo bastante complejo, pero la base proviene de aquellos Juegos en Londres.

DIOS SALVE A LA REINA

La música que Fanny Blankers-Koen escuchó en el estadio tras disputar la ajustadísima final de los 80 m vallas le dio un buen disgusto: la velocista neerlandesa creyó que había perdido y que por eso estaba sonando el himno del Reino Unido, ya que su rival en los últimos metros de la carrera, Maureen Gardner, era británica. Sin embargo, sonaba en honor a la familia real, presente en el estadio. Ambas corredoras hicieron el mismo tiempo, pero gracias a la foto de llegada recibió la medalla de oro —y el nombre de «La ama de casa voladora».

PIANISTA Y MEDALLISTA

La francesa Micheline Ostermayer alternaba sus estudios de piano en el conservatorio con la práctica del lanzamiento de peso y disco. La atleta logró triunfar en Londres 1948: fue oro tanto en disco como en peso, y obtuvo una tercera medalla, de bronce, en salto de altura.

Pero tras su éxito olímpico, continuó cautivando a audiencias de las salas de conciertos de todo el mundo.

DISPARO CON LA OTRA MANO

Károly Takács, tirador olímpico húngaro, perdió su mano derecha en un accidente con explosivos durante unos ejercicios militares. Lejos de rendirse, Takács aprendió a disparar con su mano izquierda y, contra todo pronóstico, ganó la medalla de oro en la modalidad de pistola de tiro rápido en 1948.

EL «MARAVILLOSO MAL»

El estadounidense Mal Whitfield se alzó con dos oros (800 m y 4 x 400 m) y un bronce (en 400 m) en los Juegos de Londres 1948. En Helsinki, repitió medalla de oro en la prueba de los 800 m y ganó la de plata en 4 x 400 m. Whitfield había participado en la Segunda Guerra Mundial, y entre los Juegos de Londres y Helsinki, estuvo en la Guerra de Corea. Al terminar su carrera deportiva, el *Maravilloso Mal*, como lo llamaban, visitó más de 130 países asesorando a atletas y federaciones, en particular en África.

LA BBC: LOS OJOS DE LOS JJ. OO.

Las competiciones olímpicas se emitieron por televisión, pero no todo el mundo podía verlas. En aquel tiempo, la televisión era un lujo solo asequible para unos pocos. Además, la mejor calidad de imagen estaba disponible únicamente para los londinenses que vivían cerca de la única estación de transmisión existente, en Alexandra Palace, al norte de Londres.

INDIA ARRASA EN HOCKEY SOBRE HIERBA

Desde 1928, en los Juegos Olímpicos, India dominaba en su deporte nacional: el hockey sobre hierba. En Londres 1948 ganó su primer oro como país independiente del Imperio británico, a cuyo equipo derrotó en la final. En total, los grandes maestros del hockey hierba han ganado en las Olimpiadas 8 veces (¡del total de 10 medallas de oro que tiene India!) hasta Tokio 2020.

DE AUSCHWITZ A LA PISCINA

La esposa de Alfred Nakache, nadador francés y jugador de waterpolo de origen judío, y su pequeña hija de 2 años fueron asesinadas en el campo de concentración de Auschwitz (Polonia) por los nazis. Nakache fue maltratado por los guardias, que lo obligaban a sumergirse en un tanque de agua por faltas sin importancia. A pesar de todo, en Londres 1948 Nakache consiguió llegar a las semifinales de los 200 m braza y jugar la competición de waterpolo.

RESISTENCIA ACUÁTICA

Greta Andersen (Dinamarca) casi se ahoga en la piscina durante la prueba de los 400 m libres. Se desmayó debido a un efecto secundario de una inyección destinada a retrasar su ciclo menstrual. A pesar de este incidente, previamente había ganado los 100 m libres y una medalla de plata en relevos. Más tarde, Andersen se convirtió en la primera mujer en cruzar 6 veces el Canal de la Mancha.

ANFITRIÓN AUSTERO

Para los Juegos de Londres 1948 no se construyó ninguna instalación deportiva. Los atletas se alojaron en bases militares. En el estadio, en lugar de reflectores se utilizaron faros de coche. El ring de boxeo estaba montado sobre una piscina donde el agua no se había drenado desde la guerra, por lo que los boxeadores luchaban con lágrimas en los ojos debido al exceso de cloro.

LUCHANDO CON UN BRAZO ROTO

El boxeador checoslovaco Július Torma golpeó con tal fuerza a su oponente canadiense en el ring que se rompió él solo el brazo. Torma ocultó la lesión para no retirarse de la pelea. Con su brazo roto, el pugilista logró ganar los 3 combates siguientes y colgar de su cuello una medalla de oro. Fue considerado como el mejor maestro de tácticas defensivas de estos Juegos.

DESPERTAD AL CAMPEÓN

Robert Mathias, un joven atleta estadounidense de 17 años, se quedó dormido como un bebé después de competir durante dos días en el decatlón. Mathias tuvo que ser despertado para recibir la medalla de oro por su triunfo en esta competición, que había empezado a dominar solo 4 meses antes de los Juegos. En las siguientes Olimpiadas, Mathias revalidó su título.

MEDALLISTA DEL MEDIO SIGLO

El británico Tebbs Lloyd Johnson terminó en tercera posición en los 50 km de marcha atlética. Cuando venció tenía ¡48 años! Aún continúa siendo el ganador de medalla de mayor edad dentro de las pruebas de atletismo olímpicas.

HELSINKI

FINLANDIA, 1952

El mundo había entrado en un período de inestabilidad geopolítica y de tensiones, la llamada «Guerra fría», entre la Unión Soviética (URSS) y los Estados Unidos. Las Olimpiadas corrían nuevamente riesgo de verse afectadas, pero esta vez sí se celebraron. Y lo hicieron donde se suponía que debían haber tenido lugar en 1940, cuando se cancelaron los primeros Juegos de Helsinki. La competición contó por primera vez con la participación de la Unión Soviética, que agrupaba los pueblos del desaparecido Imperio ruso. Sus excelentes gimnastas dominaron durante décadas los Juegos Olímpicos.

País ganador:
EE. UU. – 76 medallas 40 19 17

Atleta ganador:
Viktor Chukarin (URSS), gimnasia artística 4 2

Número de atletas y países: 4.955 atletas – 69 países

Número de deportes: 17 deportes – 149 competiciones

UNA ALTURA DE RÉCORD

La torre del Estadio Olímpico de Helsinki, construida para los Juegos de 1940, había sido erigida en honor al lanzador de jabalina finlandés Matti Järvinen. Ganador del oro en esta disciplina en Los Ángeles 1932, Järvinen estableció un récord olímpico al lanzar su jabalina a 72,71 m en los Juegos de Berlín 1932. Más tarde, el atleta superó esta distancia, pero el tamaño de la torre no fue modificado...

SEIS MEDALLAS PARA EL GRAN CHUKARIN

El soviético Viktor Chukarin pasó por 17 campos de concentración alemanes durante la Segunda Guerra Mundial. A su regreso a casa, pesaba 40 kg, y su madre solo lo reconoció por una cicatriz de la infancia. Sin embargo, logró recuperarse. Su primera participación olímpica fue en Helsinki 1952, bajo la bandera soviética, y dejó una huella indeleble en la gimnasia artística mundial: obtuvo 4 medallas de oro y 2 de plata.

LOCOMOTORA CHECOSLOVACA

Emil Zátopek, apodado «la locomotora humana», fue uno de los mejores corredores del siglo XX. En las Olimpiadas de Helsinki, el atleta checoslovaco logró un récord no igualado por ningún atleta hasta hoy: vencer en unos mismos Juegos en las distancias de 5.000 m, 10.000 m y maratón. ¡Zátopek es toda una leyenda olímpica!

BARRERA MARÍTIMA

Una innovadora «pared» móvil de barcos fue implementada por los organizadores finlandeses para proteger a los remeros del viento y las olas en la bahía donde se desarrollaban las competiciones.

«POR TI, PAPÁ»

Frank Havens, canoista de los Estados Unidos, dedicó su medalla de oro en los 10.000 m a su padre, Bill. Este último renunció a acudir a los Juegos de París 1924 para quedarse al lado de su esposa embarazada, quien dio a luz a Frank, el futuro campeón olímpico.

JUEGOS QUE AÚN CONTINÚAN

En la ceremonia de clausura, el presidente del COI, el sueco Sigfrid Edström, perdió el papel con el texto de su discurso. Improvisando, olvidó pronunciar la frase clave del evento: «Declaro cerrados los Juegos de la XV Olimpiada».

MOMENTO DE ORO PARA LOS ANFITRIONES

Los finlandeses Kurt Wires y Yrjö Hietanen, compitiendo en canoa, lograron dos emocionantes victorias de foto de llegada sobre los competidores suecos. Ganaron la prueba de 10.000 m por un margen de 0,4 segundos y, al día siguiente, triunfaron nuevamente en la de 1.000 m por un margen también muy estrecho.

¡VAMOS, AUSTRALIA!

Marjorie Jackson, de 21 años, hizo historia en Helsinki 1952. Superó a la reina del esprint, Fanny Blankers-Koen, de los Países Bajos, y fue la primera mujer de Australia en ganar una medalla de oro en atletismo. La velocista venció tanto en la carrera de los 100 m como en la de los 200 m, en la que batió el récord mundial.

¡VUELTA A LA COMPETICIÓN!

Después de sufrir dos pinchazos en los Juegos anteriores, el ciclista australiano Edward Russell Mockridge abandonó la competición. Sin embargo, fue persuadido para que regresara al equipo olímpico. En Helsinki, Mockridge ganó 2 medallas de oro a sus 24 años. Desafortunadamente, 6 años después, el campeón olímpico murió al colisionar con un autobús durante una carrera.

HIMNO INESPERADO

El atleta de Luxemburgo Josy Barthel lloró en lo más alto del podio cuando, debido a su inesperada victoria en los 1.500 m, la orquesta interpretó incorrectamente el himno de su país, al no haberlo ensayado previamente. Desde entonces, los organizadores siempre tienen preparados todos los himnos nacionales, aunque no siempre tengan que interpretarlos.

A LOS JUEGOS OLÍMPICOS DESDE EL EJÉRCITO

El levantador de pesas estadounidense de origen japonés Tommy Kono había sido llamado a filas para servir en la Guerra de Corea. Sin embargo, los entrenadores reconocieron su talento y enviaron a Kono a la competición clasificatoria, donde se ganó un lugar en el equipo olímpico. En Helsinki, obtuvo una medalla de oro, y 4 años después, en Melbourne, confirmó su dominio revalidando el título de campeón.

ABANDERADO EXCLUIDO

El reconocido levantador de pesas Yakiv Kutsenko, fue el abanderado del equipo nacional soviético en la ceremonia de apertura. Sin embargo, las autoridades soviéticas le prohibieron competir, temiendo que el célebre atleta de Kiev no lograse ganar una medalla y, por lo tanto, deshonrara al país.

MATRIMONIO GANADOR

Los atletas y esposos checoslovacos Emil Zátopek y Dana Zátopková nacieron el mismo día y año. También en el mismo día fueron campeones olímpicos. Dana, lanzadora de jabalina, ganó el oro poco después de que Emil, corredor de fondo, que haría historia en Helsinki por su triple oro en distancias largas, venciera en la carrera de los 5.000 m.

MAGOS HÚNGAROS EN EL FÚTBOL

La selección de Hungría aplastó a todos los equipos en la competición de fútbol. Liderada por el legendario delantero Ferenc Puskás, ganó el torneo y se convirtió en una de las mejores selecciones del mundo. Dos años después, disputó la final de la Copa del Mundo en Suiza y ganó nuevamente el oro olímpico en 1968.

LOS COMUNISTAS VIVÍAN POR SEPARADO

La URSS quería que los atletas soviéticos vivieran separados de los deportistas de países capitalistas. En particular, los obligaba a ir a la competición todos los días desde Leningrado (a casi 400 km de distancia) o a que se alojaran en la base militar de Porkkala. Más adelante, se construyó una villa exclusiva para los equipos del bloque socialista.

CORAJE INQUEBRANTABLE

A partir de 1952, se permitió a las mujeres participar y disputar junto a los hombres pruebas mixtas ecuestres. Una de las primeras en hacerlo fue la danesa Lis Hartel. Sufría de parálisis por debajo de las rodillas y tenía que recibir ayuda para subir y bajar del caballo. Aun así, la hábil jinete ganó la medalla de plata en doma.

LA MUJER CON MÁS MEDALLAS

La gimnasta soviética María Gorojóvskaya alcanzó la gloria en Helsinki 1952 al ganar 7 medallas (2 de oro y 5 de plata). Todavía hoy ninguna mujer ha superado este récord. La marca ha sido solo igualada por 7 hombres y mejorada por Aleksandr Dityatin y Michael Phelps, ambos con 8 medallas.

CHUANYU SE QUEDÓ SOLO

Tras la guerra civil china, la recién fundada República Popular de China (1949) decidió enviar una delegación a Helsinki. Sin embargo, la decisión se tomó solo un día antes de que se inauguraran los Juegos, por lo que los equipos de baloncesto y fútbol llegaron demasiado tarde para participar. Solo el nadador Wu Chuanyu, de 23 años, llegó a tiempo. Fue el único participante, y no pudo ganar ninguna medalla para su país.

«GRANDES ESPADAS»

El esgrimista italiano Edoardo Mangiarotti obtuvo una medalla de oro individual en la modalidad de espada al vencer en la final a su hermano Dario. Edoardo ganó otro oro y 2 platas más en Helsinki, y en total llegó a sumar 13 medallas (en florete y espada) en sus 5 participaciones olímpicas, entre 1936 y 1960. La familia Mangiarotti dio a Italia excelentes esgrimistas. El padre de Edoardo, Giuseppe, fue cuarto en Londres 1908 en espada por equipos, y su hija Carola participó en los Juegos de Montreal 1976 y Moscú 1980, sin ganar medallas.

JAMAICA FUE CAMPEONA

El equipo de Jamaica llegó a Helsinki con el objetivo marcado de vencer a los Estados Unidos en los relevos de 4 x 400 m de atletismo. Lo lograron: ¡ganaron el oro por una décima de segundo de ventaja!

PARA VIVIR, HAY QUE LUCHAR

Yakov Punkin, un luchador ucraniano de origen judío, fue capturado al comienzo de la Segunda Guerra Mundial y retenido durante 4 años en campos de concentración nazis. Superando todas estas dificultades, Punkin reanudó los entrenamientos y ganó el oro olímpico en lucha grecorromana, en peso gallo, en el equipo soviético.

MELBOURNE

AUSTRALIA, 1956

Pese a la Guerra Fría, se creía que los Juegos de la XVI Olimpiada iban a celebrarse en un clima «amistoso». Pero, poco antes de su inauguración, la URSS reprimió duramente la Revolución húngara contra la opresión soviética y otros episodios de confrontación, como la crisis del canal de Suez, terminaron con el boicot de varios países a los Juegos. Tensiones al margen, Melbourne 1956 no se canceló. Por primera vez en la historia de los Juegos modernos, estos se desarrollaron a caballo entre 2 continentes, Oceanía y Europa.

País ganador: URSS – 98 medallas 37 29 32

Atleta ganador: Ágnes Keleti (Hungría), gimnasia artística 4 2

Número de atletas y países: 3.442 atletas – 72 países

Número de deportes: 23 deportes – 151 competiciones

LOS CABALLOS, EN SUECIA

Las competiciones ecuestres de los Juegos de Melbourne tuvieron lugar en Estocolmo (Suecia), a más de 15.000 km de distancia. La razón fue que en Australia se había declarado una estricta cuarentena sobre los caballos, por temor a un brote de fiebre aftosa. Las pruebas estuvieron a punto de no celebrarse.

LLAMA OLÍMPICA

El atleta australiano de 19 años Ronald Clarke encendió la llama olímpica en el Melbourne Cricket Ground, ante 103.000 espectadores. Clarke ganaría una medalla de bronce en Tokio 1964 y acabó siendo alcalde de la ciudad australiana de Gold Coast.

EN CASA SE NADA MEJOR

El Estadio Olímpico de Natación construido para los Juegos de Melbourne dio alas a los nadadores australianos, que arrasaron en las pruebas de estilo libre masculinas y femeninas. En total, el equipo anfitrión de natación ganó 8 medallas de oro, 4 de plata y 2 de bronce. El famoso recinto continúa siendo escenario de competiciones internacionales.

CHINA, DIVIDIDA

La República Popular de China (comunista), con capital en Pekín, se retiró de esta edición de los Juegos en protesta por la participación de la República de China (nacionalista), con capital en Taipéi. Ambas vivían enfrentadas desde el final de la guerra civil china en 1949, cuando, tras su derrota, el Gobierno nacionalista se refugió en la Isla de Taiwán.

ALGAS, SÉSAMO Y SEMILLAS

Con solo 17 años, el nadador australiano Murray Rose se convirtió en el deportista olímpico más joven en ganar 3 medallas de oro en unos mismos Juegos (400 m estilo libre, 1.500 m estilo libre y relevos 4 x 200 m estilo libre por equipos). Su régimen alimenticio captó tanto interés como sus hazañas deportivas: Rose era vegano, partidario de la comida cruda y consumidor de frutas y verduras orgánicas.

EL PARTIDO DEL «BAÑO SANGRIENTO»

Con este nombre se conoce la histórica semifinal de waterpolo entre Hungría y la URSS en Melbourne, en la que el equipo húngaro derrotó al conjunto soviético por 4 goles a 0. El partido tuvo lugar en un momento histórico de grave conflicto entre ambos países, tensión que se trasladó a la piscina. Un jugador soviético golpeó en la cara a un rival, los espectadores se indignaron, el juego se detuvo y la policía tuvo que intervenir. Se dio por ganadora a Hungría, que venció en la final del torneo a Yugoslavia.

MORROW, COMO OWENS

El velocista estadounidense Bobby Morrow fue tricampeón olímpico en Australia al ganar en los 100 m, los 200 m y la prueba de relevos de 4 x 100 m, igualando la gesta de Jesse Owens en las mismas 3 carreras. Tras su gran éxito en Melbourne, el atleta de Texas abandonó el deporte de competición y se hizo carpintero. Más tarde, intentó regresar, pero nunca más logró formar parte del equipo olímpico.

DOMINIO ABRUMADOR

En la final de baloncesto, los Estados Unidos derrotaron a la URSS por 34 puntos de diferencia. En uno de los partidos previos, habían ganado a Tailandia ¡por 72 puntos! La ventaja promedio con la que vencieron a sus oponentes fue de 53,5 puntos. Este dominio apabullante se mantuvo en las siguientes 3 ediciones olímpicas.

VICTORIA CON ESPRINT

Pese a que no era el favorito para buena parte de la prensa especializada y acarreaba problemas de salud, el soviético Volodymyr Kuts se alzó con las medallas de oro en las pruebas atléticas de 5.000 m y 10.000 m. Su táctica consistió en desgastar a sus rivales con arranques potentes en ambas carreras y liderarlas de principio a fin.

LA FLECHA AUSTRALIANA

La atleta local Betty Cuthbert había batido el récord mundial en 200 m durante su etapa escolar. En estas Olimpiadas, la velocista de solo 18 años ganó 3 medallas de oro: en los 100 m, los 200 m y relevos de 4 x 100 m. Tenía un estilo único al correr, con las rodillas altas y la boca bien abierta. En Tokio 1964, Cuthbert ganó otro oro más en la carrera de 400 m.

AMOR AL PRIMER INTENTO

Olga Fikotová jugaba en la selección nacional checoslovaca de baloncesto y balonmano. Un par de años antes de los Juegos de Melbourne, había empezado a destacar también en el lanzamiento de disco. En la cita australiana, Olga ganó el único oro olímpico de su país y, de paso, se enamoró del lanzador de martillo estadounidense Harold Connolly. Cuando se casaron, otros dos campeones olímpicos, la pareja formada por Emil Zátopek y Dana Zátopková, actuaron como testigos.

ÉXITOS EN LA PISTA Y EN EL CINE

Adhemar Ferreira da Silva, atleta del Brasil, ganó una medalla de oro en triple salto en Melbourne, que sumó a la ya conseguida en Helsinki 1952 en la misma modalidad. Después de su carrera deportiva, Da Silva interpretó un papel en la película musical *Orfeo negro*, ¡que ganó la Palma de Oro en el Festival de Cine de Cannes!

UN BILLETE DE IDA SOLO

La gimnasta artística húngara Ágnes Keleti, 5 veces campeona olímpica, optó por no regresar a la Hungría comunista cuando finalizaron los Juegos de Melbourne. Australia le concedió asilo político. Keleti, de familia judía, era una superviviente del Holocausto. Posteriormente, emigró a Israel y fue incluida en el Salón de la Fama de la Gimnasia Mundial.

UN DISCO BRILLANTE

El lanzador estadounidense de disco Alfred Oerter impresionó a todos en sus primeros Juegos Olímpicos. El atleta, en su primer intento, envió el disco a 56,36 m de distancia estableciendo un récord mundial. Su éxito continuó, ya que ganó en las siguientes 3 ediciones olímpicas, convirtiéndose en el primer atleta en lograr 4 victorias consecutivas en esta disciplina.

LA CRISIS DE SUEZ

Este conflicto entre Israel y Egipto, también llamado Guerra del Sinaí, provocó la ausencia de varios países en Melbourne. Tras la crisis en Suez, Egipto pidió que Francia y el Reino Unido fueran excluidas de los Juegos. La negativa del Comité Olímpico Internacional hizo que ni Egipto, ni Líbano ni Irak quisieran acudir a esta cita olímpica.

AVANCE TECNOLÓGICO EN ESGRIMA

Por primera vez en la historia de los Juegos, el ganador en florete fue determinado con la ayuda de una señal eléctrica. El punto toca la zona del objetivo, y una luz roja o verde parpadea. La modalidad de espada había disfrutado de este avance tecnológico en los Juegos de Berlín 1936, mientras que en la competición de sable no fue incorporado hasta Seúl 1988.

MÁS FUERTES JUNTOS

Durante la Guerra Fría, el derrotado Tercer Reich quedó dividido, a partir de 1949, en Alemania Occidental y Oriental (oficialmente, Rep. Federal Alemana y Rep. Democrática Alemana). Sin embargo, como muestra de unidad, compitieron juntas como un solo equipo y bajo una bandera común. En lugar del himno nacional, decidieron que sonara la «Oda a la Alegría» de Beethoven. Actuaron unidas hasta 1964. Más adelante compitieron por separado hasta la reunificación alemana, en 1990.

CAMPEONA ABSOLUTA

La gimnasta soviética Larisa Latynina triunfó con sus 4 medallas de oro (en salto de potro, ejercicios de suelo, concurso completo individual y por equipos). También fue plata en barras asimétricas y bronce en ejercicios de equipo con aparatos. En total, durante su carrera olímpica, Latynina acumuló 9 oros, 5 platas y 4 bronces, un récord entre las mujeres olímpicas.

VICTORIA DEDICADA A UNA NUEVA VIDA

El atleta Alain Mimoun, originario de Argelia, formó parte del equipo nacional de Francia. El día antes de correr la maratón olímpica recibió un telegrama que le anunciaba el próximo nacimiento de su hija. Inspirado por la buena nueva, venció a su eterno rival, el checoslovaco Emil Zátopek, y lo esperó en la línea de meta para darle un emotivo abrazo. Su hija nació la misma mañana de la carrera y se llamó Olympia.

DESFILE DE LA UNIDAD

En la ceremonia de clausura, los atletas desfilaron juntos en una única gran columna, en lugar de hacerlo individualmente y por orden alfabético. Esta innovación fue idea de John Ian Wing, joven australiano que la propuso a la organización con la intención de simbolizar la unidad entre los países, en medio de un clima de gran tensión global. Desde entonces, el desfile final conjunto se ha mantenido.

EUROPA FRENTE A LOS TANQUES

Los atletas olímpicos húngaros volaron a Melbourne desde Praga a causa de la Revolución húngara, un levantamiento anticomunista que tuvo lugar en Budapest. Debido a la brutal represión sufrida por parte de las tropas soviéticas, los húngaros llevaban brazaletes negros durante la ceremonia de apertura. España, Suiza y los Países Bajos decidieron boicotear los Juegos por la participación de la URSS.

ROMA

ITALIA, 1960

Medio siglo después de que la capital de Italia tuviera que renunciar a los Juegos Olímpicos de 1908 debido a una erupción del Vesubio, Roma, por fin, tuvo sus Olimpiadas. En la Ciudad Eterna, a orillas del río Tíber, se produjo una fusión única entre deporte y cultura. Los italianos aprovecharon la riqueza de su legado cultural, entrelazando lo antiguo con lo moderno. Todo lo que Pierre de Coubertin había soñado durante tanto tiempo...

País ganador: Unión Soviética – 103 — 43 · 29 · 31

Atleta ganador: Borís Shakhlín (URSS), gimnasia artística — 4 · 2 · 1

Número de atletas y países: 5.338 atletas – 83 países

Número de deportes: 23 deportes – 150 competiciones

DEL HOSPITAL AL PODIO

El granjero australiano Bill Roycroft sufrió una conmoción cerebral y varias lesiones tras caer de su caballo en Roma. Sin embargo, el jinete, de 45 años no decepcionó a su equipo, que competía en el concurso completo ecuestre. Roycroft salió del hospital, volvió a montar su caballo y ganó el oro junto con sus compañeros. También fue medalla de bronce en México 1968 y, de nuevo, en Montreal 1976.

DISTINCIÓN JAPONESA

El gimnasta japonés Takashi Ono ganó 3 oros, 1 plata y 2 bronces. En la ceremonia de apertura, llevó la bandera de su país y, más tarde, en los Juegos de Tokio 1964, pronunciaría el juramento olímpico en nombre de los atletas y sumaría su quinto oro en unas Olimpiadas.

FUERZA DE OSO

En la ceremonia de apertura, el levantador de pesas Yuri Vlasov exhibió su fuerza sosteniendo la bandera soviética con una sola mano. En la competición de halterofilia, Vlasov se coronó vencedor. Además de esta medalla de oro, obtuvo una de plata en la misma modalidad en los siguientes Juegos, en Tokio 1964.

PASIÓN REAL

El príncipe heredero Constantino, que en breve iba a ser rey (Constantino II de Grecia), participó en los Juegos de Roma. Ganó la medalla de oro de vela en la clase náutica Dragón. La hermana del príncipe, la futura reina Sofía de España, fue suplente en ese equipo.

TRIUNFO INESPERADO

Aunque no era el principal favorito del equipo soviético, Vladimir Golubnichy sorprendió en Roma al conquistar el oro en la marcha de 20 km, venciendo a un rival australiano en un emocionante final en la línea de meta. Continuó su destacada trayectoria olímpica, ya que logró ganar medallas en los siguientes 3 Juegos.

CARRERAS Y CANCIONES

Después de retirarse del atletismo, el velocista alemán Karl Martin Lauer se convirtió en un famoso cantante de *country* y vendió millones de discos. Sin embargo, su mayor éxito lo logró como atleta: formó parte del equipo alemán de relevos 4 x 100 m que ganó el oro en Roma, tras ser descalificado Estados Unidos por pasar el testigo fuera de la zona reglamentaria.

ENTRENAMIENTO EXTREMO

En los Juegos anteriores, el británico Donald Thompson no había logrado terminar la prueba de marcha de 50 km por deshidratación. Para prepararse para Roma 1960, llenaba su bañera con agua hirviendo, subía la calefacción y se vestía con ropa de abrigo para soportar estas condiciones. En Roma ganó el oro, venciendo a su rival por 17 segundos.

UN MILAGRO DIFÍCIL DE CREER

La estadounidense Wilma Rudolph fue la 20ª de 22 hermanos. A la edad de 4 años, la poliomielitis paralizó su pierna izquierda y le quedó torcida. Hasta los 11 años no consiguió caminar con normalidad; a los 13 ya corría; a los 20, Wilma ganó 3 medallas de oro en carreras de velocidad en los Juegos de Roma: 100 m, 200 m y relevos de 4 x 100 m.

DESCALZO HACIA LA GLORIA

Faltaban unas pocas horas para que empezara la maratón, y el corredor etíope Abebe Bikila no tenía más que un par de zapatillas desgastadas para correr, así que empezó la carrera descalzo. Aunque tuvo que soportar bromas y rumores de que había gastado todo su dinero en Roma, Bikila superó a todos sus rivales e hizo historia. Repitió su triunfo en Tokio 1964, esa vez con zapatillas.

FIN DE UNA ERA EN EL HOCKEY

Una de las rachas ganadoras más largas en la historia de los Juegos llegó a su fin en 1960: India había ganado todos los torneos olímpicos de hockey sobre hierba desde 1928 (¡con 6 medallas de oro consecutivas!); pero, en Roma, fue derrotada por su eterno rival, Pakistán. India recuperó su título en los siguientes Juegos, en Tokio 1964.

PERSEVERANCIA EN ESGRIMA

A sus 50 años, el húngaro Aladár Gerevich, que llevaba ya ganadas 6 medallas de oro olímpicas de esgrima (y 1 de plata y 2 de bronce) desde su primera victoria en 1932 en Los Ángeles, añadió una séptima en Roma. Gerevich fue uno de los pocos atletas que regresaron a Hungría tras los Juegos de Melbourne 1956, cuando varios integrantes de la delegación aprovecharon para escapar del país.

LEYENDA DE LA CANOA

A los 41 años, en sus cuartos Juegos Olímpicos, Gert Fredriksson obtuvo su sexta medalla de oro en piragüismo, consolidándose como el atleta olímpico más laureado de Suecia. En Roma, ganó en las pruebas de K1 1.000 m y K2 1.000 m. Su ciudad natal, Nyköping, le dedicó un monumento.

LA VIDA COMO UN ESPRINT

El alemán Armin Hary ganó la medalla de oro en los 100 m con un tiempo de 10 segundos, rompiendo la hegemonía estadounidense desde 1928 y convirtiéndose en el nuevo rey de la velocidad. También venció en relevos 4 x 100 m. Después de los Juegos de Roma, se retiró del deporte por sus conflictos con la Federación Alemana y por una lesión. En la década de 1980, fue condenado a 18 meses de prisión por irregularidades financieras.

REY DEL CABALLO CON ARCOS

El gimnasta soviético Borís Shakhlin se convirtió en campeón de Europa y del mundo en la década de 1950. Las de Roma fueron sus mejores Olimpiadas: obtuvo 4 oros, 2 platas y 1 bronce. Entre Melbourne 1956 y Tokio 1964, Shakhlin ganó 13 medallas olímpicas para la URSS. Solo repitió oro en caballo con arcos.

RIVALIDAD ENTRE AMIGOS

Rafer Johnson (Estados Unidos) y Chuan-Kwang Yang (China Taipéi) entrenaban juntos, compartían habitación en la residencia y, en los Juegos de Roma, se enfrentaron en el evento final de decatlón, los 1.500 m. Aunque Yang ganó esta prueba, Johnson fue quien se llevó la medalla de oro de decatlón. Más tarde ganaría notoriedad como una de las personas que capturaron al asesino de Robert Kennedy, en 1968.

TRIUNFO CICLÍSTICO CON PRECISIÓN

En ciclismo en pista, las dos victorias de Sante Gaiardoni fueron una contribución importante al dominio de los italianos en un deporte en el que, por primera vez, el tiempo se midió en centésimas de segundo. Gaiardoni venció en la prueba de velocidad individual y en la contrarreloj de 1 km (por más de 1 segundo y medio, estableciendo un récord mundial).

CARRERA GLORIOSA EN LA CIUDAD ETERNA

El Stadio Olimpico estalló de alegría cuando el estudiante de química italiano Livio Berruti, con gafas oscuras, triunfó inesperadamente en los 200 m. Se convirtió en el primer corredor no norteamericano en conseguirlo en la historia de los Juegos. Fue la única medalla olímpica en toda la carrera de Berruti.

RECUPERACIÓN Y VICTORIA

La nadadora de tan solo 14 años Caroline Wood (Estados Unidos) casi se ahoga en los 100 m mariposa: tragó agua y tuvo que detenerse. Sin embargo, logró recuperarse y se llevó el oro como parte del equipo de relevo 4 x 100 m. Wood fue la estadounidense más joven que ganó una medalla de oro en Roma 1960.

VOLÓ COMO UN POLLUELO, PICÓ COMO UNA AVISPA

Un boxeador estadounidense de ascendencia africana subió tan asustado al avión que lo llevó a Roma que lo hizo con su propio paracaídas. Era la leyenda mundial del boxeo Cassius Clay (más tarde, cambió su nombre por el de Mohamed Alí). Tenía miedo a volar, pero en el cuadrilátero de Roma hizo sufrir a todos sus rivales y se adjudicó la medalla de oro en peso semipesado.

LEYENDA DE LA VELA

El danés Paul Elvstrøm amarró su cuarta medalla olímpica de oro en Roma, en la clase de vela Finn (ya había ganado el oro en Londres 1948, en Helsinki 1952 y en Melbourne 1956). ¡Llegó a participar en un total de ocho Juegos! En Los Ángeles 1984 obtuvo un cuarto lugar junto a Trine Elvstrøm, su hija, en clase Tornado y, con 60 años, todavía compitió en Seúl 1988.

TOKIO

JAPÓN, 1964

Estos Juegos Olímpicos representaron un momento crucial para Japón, que se levantó de las cenizas de la Segunda Guerra Mundial para emerger como una potencia mundial. La reconstrucción, la paz y el entendimiento mutuo fueron los pilares de estos Juegos. La llama olímpica fue encendida por Sakai Yoshinori, nacido el 6 de agosto de 1945, cuando la bomba atómica cayó sobre Hiroshima. Fue la primera vez en que los Juegos Olímpicos se celebraron en Asia.

País ganador:
EE. UU. – 90 medallas 36 26 28

Atleta ganador:
Donald Schollander (EE. UU.), natación 4

Número de atletas y países: 5.151 atletas – 93 países

Número de deportes: 25 deportes – 163 competiciones

RETRANSMISIÓN VÍA SATÉLITE

Algunas competiciones de los Juegos Olímpicos se transmitieron en vivo a través del satélite Syncom 3, permitiendo que espectadores en Europa y Estados Unidos siguieran los eventos en tiempo real. Ya no era necesario transportar la película en avión a los estudios de televisión.

SEMI CENTAURO

El equipo alemán lideró las pruebas de deportes ecuestres con 6 medallas. Reiner Klimke, miembro fundamental del equipo, obtuvo su primera medalla de oro olímpica en doma por equipos. Gracias a su especial conexión con los caballos, Klimke continuaría ganando 5 oros más y 2 bronces en los 6 juegos olímpicos en los que participó entre 1960 y 1988.

JUDO OLÍMPICO

El judo, que en japonés significa «camino hacia la flexibilidad», fue incluido en el programa olímpico por primera vez, con participación exclusivamente masculina. Japón, cuna de este arte marcial, ganó 3 medallas de oro, pero el neerlandés Anton Geesink sorprendió al vencer en categoría abierta al campeón japonés Akio Kaminaga.

EXCLUSIÓN POR *APARTHEID*

Nelson Mandela fue encarcelado 2 años antes de los Juegos por luchar contra el *apartheid*. Debido a políticas discriminatorias contra los negros, Sudáfrica fue excluida de participar en los Juegos, y no volvería a las Olimpiadas hasta Barcelona 1992. Para entonces, el equipo sudafricano incluiría atletas negros y Mandela estaba a punto de convertirse en el primer presidente negro de Sudáfrica.

JUEGO LIMPIO

Este reconocimiento especial se otorga no por ganar, sino por demostrar un compromiso excepcional con la equidad y el respeto hacia los competidores por encima del resultado obtenido. El primer trofeo olímpico oficial de juego limpio fue otorgado a los hermanos Käl, regatistas suecos que abandonaron su regata para socorrer a dos competidores australianos cuyo bote se había hundido.

MAESTRO DE VICTORIAS

El japonés Osamu Watanabe, a los 23 años, obtuvo el oro olímpico en lucha libre estilo peso pluma. Tuvo una carrera muy corta pero nunca fue vencido ni recibió puntos en su contra. Ganó al menos 187 combates consecutivos. Tras su triunfo en 1964 y en la cima de su carrera, decidió retirarse.

YO PUEDO CON TODO

Mary Denise Rand, una atleta británica de 24 años especializada en múltiples disciplinas, ganó el oro en salto de longitud, plata en pentatlón y bronce en los relevos 4x100 m. Se convirtió en la primera mujer británica en alcanzar la máxima distinción en atletismo y se retiró del deporte a los 28 años por una lesión.

LA PERSEVERANCIA

Věra Čáslavská, representando a Checoslovaquia, se alzó como una nueva estrella en la gimnasia, ganando el título del concurso general y obteniendo medallas de oro en las pruebas de barra de equilibrio y salto de potro. El público se enamoró de ella. Su estrellazgo culminó en los siguientes juegos en México, pero la invasión soviética, su activismo político y la represión la condenaron a la marginación. Gracias a su perseverancia continuó entrenando, a veces en el bosque con árboles caídos y sacos de patatas, para seguir defendiendo el deporte y su país.

CAMPEONAS EN UNA FÁBRICA

El voleibol femenino hizo su debut olímpico y captó la atención del 80% de la audiencia japonesa, estableciendo un récord. Las anfitrionas ganaron la final contra la URSS. Aquella selección japonesa estaba compuesta por las empleadas de una fábrica textil de Osaka y dirigida por Hirofumi Daimatsu, quien entrenaba a sus jugadoras por la noche.

TRIPLE ORO CON DEDICATORIA

La australiana Dawn Fraser ganó su cuarta medalla de oro en Tokio y consiguió ser la primera mujer en nadar los 100 m libres en menos de 1 minuto. La nadadora dedicó su victoria a su madre, que había muerto unos meses antes en un accidente de coche. Dawn iba en el asiento de atrás y sufrió lesiones pero pudo recuperarse para participar en los Juegos de Tokio.

AL FILO DE LA ESPADA

Grigori Kriss, esgrimista zurdo del equipo soviético, era conocido por su estilo «incómodo» y el uso de tácticas legales inusuales. En una final espectacular, logró vencer al británico Henry Hoskyns y ganar el oro en espada individual. El duelo fue tan reñido que los árbitros contabilizaron 4 tocados dobles, situaciones en las que ambos competidores acertaban golpes simultáneos.

DE TANGANICA A NEPAL

Quince nuevos países participaron por primera vez, la mayoría de ellos de África: Argelia, Camerún, Senegal, Chad, Costa de Marfil, Congo, Rodesia del Norte (actual Zambia), Mali, Níger y Tanzania, que compitió como Tanganica. Malasia, Mongolia, Nepal y la República Dominicana también hicieron su debut.

¡DIEZ SOBRE DIEZ!

El corredor estadounidense Billy Mills, de origen indígena, creció en una reserva. Solicitó zapatillas a una marca conocida que se negó a proporcionárselas, pero otro fabricante accedió a regalárselas. Esta fue la primera vez que Mills corrió con zapatillas profesionales, y contra todo pronóstico ganó los 10.000 m, convirtiéndose en el primer no europeo en lograrlo.

EMPERADOR DEL GIMNASIO

El orgullo del deporte japonés, el gimnasta Yukio Endo, ganó 3 medallas de oro: en barras, en el individual y por equipos en todo, y plata en ejercicios de suelo. Celebrado junto con su equipo como héroes nacionales, Endo se destacó como la estrella más brillante. Continuó su éxito en los Juegos Olímpicos de México 1968, donde volvió a ganar medallas de oro y plata.

DUELO DE TITANES

El título del más fuerte fue disputado por los destacados levantadores de pesas del equipo de la URSS, Yuri Vlasov y Leonid Jabotinsky. El primero estableció 2 récords mundiales en la final, pero fue Jabotinsky quien se llevó el oro. Ambos deportistas mantuvieron toda la vida una rivalidad que iba más allá de lo deportivo.

PETER «EL VIENTO»

El neozelandés Peter Snell se convirtió en el atleta más destacado de su país del siglo XX. Aplastó a sus rivales en los 800 m y los 1.500 m, la primera vez en 44 años que un atleta ganaba ambas distancias medias.

MAESTRO DE LA PISCINA

Donald Schollander, un nadador estadounidense de 18 años, hizo historia al convertirse en el primer nadador olímpico que ganó 4 medallas de oro en una misma edición. Exhausto tras sus logros en los Juegos de 1968, Donald bromeó prometiendo que no pensaba ni siquiera tomarse un baño en 2 años.

ORO POR LOS PELOS

Tras recorrer casi 200 km, el pelotón aún no se había disgregado. Todos se preparaban para un final espectacular. Mario Zanin, un exfutbolista italiano, logró destacarse por escasos 0,02 segundos frente al competidor danés, mientras que el ciclista iraní, solo 0,2 segundos después, terminó en la posición 99, en uno de los finales más ajustados en la historia del ciclismo olímpico.

PERSIGUIENDO EL ORO

Imre Polyák, deportista húngaro de lucha grecorromana de 32 años, había ganado 3 medallas de plata en los 3 Juegos anteriores, pero soñaba con el oro. Finalmente lo ganó en el encuentro final contra el georgiano Roman Rurua, del equipo de la URSS. El combate terminó en empate, pero Polyák tenía mejores puntuaciones preliminares.

EL TALENTO DE LOS «HERMANOS» PRESS

En Roma 1960, Tamara Press ganó el oro en lanzamiento de peso y la plata en lanzamiento de disco, y en Tokio logró un doblete dorado. Su hermana Irina se convirtió en la mejor en pentatlón. Los expertos sospecharon que las atletas del equipo de la URSS usaban hormonas masculinas, y los medios mundiales las llamaban «los hermanos Press». Ambas se retiraron en 1966, justo antes de que la verificación del sexo fuera obligatoria.

100 METROS DEL JUGADOR DE FÚTBOL

El favorito en la carrera de 100 m, Robert Lee Hayes, corrió con zapatillas prestadas porque dejó las suyas bajo la cama, pero eso no le impidió empatar el récord mundial de los 100 metros en 10,06 segundos y se llevó el oro. Después de su éxito en la pista, Hayes disfrutó de una destacada carrera en el fútbol americano, jugando 10 temporadas con los Dallas Cowboys y una más con los 49ers. Bob es el único en ganar el Súper Bowl de la NFL y 1 oro olímpico.

CIUDAD DE MÉXICO

MÉXICO, 1968

Los atletas que participaron en estos Juegos se quedaban sin aliento, ya que competían a una altitud de casi 2.300 m sobre el nivel del mar. Sin embargo, los saltadores, lanzadores y velocistas se beneficiaron del aire menos denso, lo que les ayudó a mejorar sus marcas. Se batieron y establecieron numerosos récords en los estadios de la Ciudad de México. Estos Juegos, en tierras de los aztecas, transformaron la filosofía de entrenamiento en el deporte mundial.

País ganador: EE. UU. – 107 — 45 28 34

Atleta ganador: Vera Caslavska (Checoslovaquia), gimnasia artística — 4 2

Número de atletas y países: 5.516 atletas – 112 países

Número de deportes: 24 deportes – 172 competiciones

LA MUJER QUE ENCENDIÓ LA LLAMA

En vísperas de la apertura de los Juegos, la Ciudad de México estaba envuelta en protestas estudiantiles contra la represión y la corrupción gubernamental. A solo 10 días del inicio, las autoridades reprimieron violentamente una manifestación de 10.000 personas. A pesar de los conflictos, las Olimpiadas siguieron adelante, y por primera vez una mujer, Enriqueta Basilio, del equipo de atletismo mexicano, llevó la antorcha olímpica y encendió el pebetero.

¡ADIÓS, BARRERRA!

Romper la barrera de los 10 segundos en los 100 m ha sido el sueño de generaciones de velocistas. El estadounidense Jim Hines lo logró, estableciendo un récord de 9,95 segundos que nadie superó durante 15 años. En la era del cronometraje electrónico, su marca sigue siendo el récord de los 100 m que más tiempo ha perdurado.

PROTESTA EN EL PODIO OLÍMPICO

Mientras sonaba el himno estadounidense, en la ceremonia de premios, Tommie Smith y John Carlos, medallistas de oro y bronce respectivamente en los 200 m, protagonizaron una protesta silenciosa. Los dos hombres, de pie en el podio con guantes y calcetines, levantaron sus puños en alto en señal de protesta contra el racismo hacia los afroamericanos. Esta acción llevó a su expulsión del equipo olímpico estadounidense y se les prohibió entrar en la Villa Olímpica. Sin embargo, el COI no obligó a Smith y Carlos a devolver sus medallas.

DOBLE AGENTE

Jerzy Pawłowski, el orgullo nacional de Polonia, rompió la hegemonía de los esgrimistas húngaros en sable al ganar el oro en la Ciudad de México. En 1975, fue sentenciado a 25 años de cárcel por espionaje a favor del bloque de la OTAN, pero solo cumplió 10 años. Posteriormente, rechazó un intercambio de espías y en 1994 publicó *Mi duelo más largo*, donde relata su vida como espía.

LLEGÓ SECO

Amos Biwott de Kenia fue el único atleta que no pisó ningún charco de agua durante los 3.000 m obstáculos. Saltando hábilmente sobre todos los obstáculos y el agua en cada vuelta, se adjudicó el oro con un esprint final que le permitió superar a un compatriota suyo. Tras retirarse del atletismo, trabajó en el servicio penitenciario de Kenia y luego como vigilante nocturno en un estadio.

INNOVACIÓN EN LAS ALTURAS

El estadounidense Dick Fosbury ganó la medalla de oro volando sobre el listón con la espalda en lugar de con las piernas. Esta técnica revolucionaria, llamada estilo Fosbury, cambió radicalmente el salto de altura, y desde entonces ha sido adoptada por todos los competidores.

CREER EN UNA MISMA

La canoa volcó, un bote de la organización vino al rescate: la atleta húngara Anna Pfeffer perdió su oportunidad de medalla en la final de 500 m, pero no perdió la determinación. Una hora y media después, compitió en pareja, y contra todo pronóstico y por una centésima de segundo, ganó la medalla de plata.

DOS BOTELLAS DE «DOPAJE»

Por primera vez en los Juegos, se realizaron pruebas de dopaje. Poco antes del tiro con pistola en el pentatlón moderno, el sueco Hans-Gunnar Liljenwall estaba nervioso y bebió 2 cervezas para calmarse. La medalla de bronce del equipo tuvo que ser devuelta: Liljenwall se convirtió en el primer atleta en la historia de los Juegos Olímpicos de verano en ser sancionado por dopaje.

TRIPLETE DE OROS

Debbie Meyer, con apenas 16 años, ganó 3 medallas de oro en la piscina, triunfando en los 200, 400 y 800 m. Debbie fue la primera nadadora en ganar 3 medallas individuales en unos Juegos Olímpicos. Hasta el día de hoy, ningún otro nadador ha igualado su triplete. Terminó su carrera a los 19 años debido a problemas de asma.

UNA FAMILIA SOBRE RUEDAS

La familia Pettersson, de Suecia, ganó la medalla de plata en ciclismo por equipos: el equipo estaba compuesto por 4 hermanos —Gösta, Erik, Tomas y Sture. Tres de ellos ya habían ganado una medalla de bronce en Tokio en 1964. A menudo son conocidos como los Fåglum, lugar donde nacieron, porque años después, decidieron cambiarse el apellido en honor a su pueblo natal.

UNA CENTÉSIMA DE SEGUNDO VALE SU PESO EN ORO

En la Ciudad de México, los sistemas de cronometraje automático se volvieron aún más precisos y se aplicaron en una gama más amplia de pruebas, abarcando disciplinas como ciclismo, remo, natación y eventos ecuestres.

DOMINIO EN ESPALDA

El atleta de Alemania Oriental (RDA) Roland Matthes, conocido como el «Rolls Royce» de la natación de estilo espalda, se consagró al ganar los 100 m y 200 m en esta disciplina. Defendió ambos títulos en Múnich 1972, convirtiéndose en el nadador de espalda más exitoso de la historia.

FOREMAN EN FORMA

Llegó a los Juegos como un talentoso *amateur* de 19 años y se fue como una gran estrella: el boxeador George Foreman, de los Estados Unidos, derrotó a su oponente soviético en la final. A los 48, se convertiría en el campeón profesional y de peso pesado más veterano de la historia. Un motivo de orgullo para sus 12 hijos, incluidos 5 todos ellos llamados George.

EL ORGULLO DE LA TRIBU NANDI

A pesar de los violentos dolores de estómago que sufría, Kipchoge Keino obtuvo la plata en los 5.000 m. En los 1.500 m, consiguió neutralizar el esprint final del favorito, Jim Ryun, y le ganó por 20 m. Keino marcó el inicio del dominio de los corredores africanos de media y larga distancia y, 30 años más tarde, se convertiría en el primer presidente del Comité Olímpico Nacional de Kenia.

DE TAL PALO TAL ASTILLA

El italiano Klaus Dibiasi ganó la medalla de oro en saltos de trampolín. Defendería su título en los siguientes dos Juegos, convirtiéndose en el único saltador masculino en ganar en el mismo evento en tres Juegos Olímpicos consecutivos. Su talento lo había heredado de su padre, quien había obtenido el décimo puesto en saltos de trampolín en los Juegos de Berlín 1936.

REVOLUCIÓN EN LA PISTA

El tartán es un avance tecnológico en atletismo que reemplazó la pista de asfalto y goma por una superficie sintética de poliuretano. El hecho de que se batieran 18 récords mundiales de atletismo se ha atribuido a la utilización de esta nueva superficie.

8,90 M: EL SALTO DEL SIGLO

Este es el resultado histórico del saltador de longitud estadounidense Bob Beamon en su primer intento. Lynn Davies, el anterior campeón olímpico, lo felicitó con la frase: «Has destrozado esta prueba». Al darse cuenta de que había superado en 55 cm la marca anterior, Beamon cayó de rodillas y se cubrió la cabeza con las manos, en un momento que permanece icónico. El récord se mantuvo durante casi 23 años.

LA SAGA DORADA DE KATO

Sawao Kato, gimnasta japonés, empezó a cimentar su leyenda en los Juegos Olímpicos de la Ciudad de México, donde ganó las primeras 3 de sus 8 medallas de oro. Solo superado por Larisa Latynina en número de oros, Kato fue una figura clave en la generación dorada de gimnastas japoneses que dominaron el escenario mundial.

PIONERAS DEL TIRO

Por primera vez, se permitió la participación femenina junto a los hombres en las competiciones de tiro. Las debutantes Eulalia Rolińska, de Polonia, y Gladys de Seminario, de Perú, destacaron en la competición de rifle de pequeño calibre, finalizando tercera y cuarta, respectivamente, entre casi 90 competidores. La mexicana Nuria Ortiz acabó en decimotercer lugar. En 1996, el tiro se separaría completamente por géneros.

PRIMERO BAILAR

Un periodista filmó a Wyomia Tyus, de los Estados Unidos, bailando en el área de calentamiento justo antes del inicio de la prueba de los 100 m. Después de ganar la carrera, Wyomia explicó que bailaba para relajarse, y se convirtió en la primera atleta, femenina o masculina, en ganar los 100 m en 2 ediciones consecutivas de los Juegos.

MÚNICH

REP. FEDERAL ALEMANA, 1972

Casi 30 años después de la Segunda Guerra Mundial, el mundo le dio a Alemania una oportunidad para demostrar deseos de paz y respeto hacia otras naciones. Los Juegos de 1972 regresaron a Alemania, a su parte occidental, pero siempre serán recordados por el trágico ataque terrorista que obligó a suspender las competiciones durante 34 horas. A pesar de la tragedia, la actividad se reanudó, con el presidente del COI, Avery Brundage, pronunciando la famosa frase: «¡Los Juegos deben continuar!».

País ganador:
URSS – 99 — 50 · 27 · 22

Atleta ganador:
Mark Spitz (EE. UU.), natación — 7

Número de atletas y países:
7.134 atletas – 121 países

Número de deportes:
21 deportes – 195 competiciones

TRAGEDIA EN MÚNICH

El 5 de septiembre, 8 terroristas palestinos del grupo Septiembre Negro irrumpieron en la Villa Olímpica, matando a 2 miembros del equipo israelí y tomando 9 rehenes. En el enfrentamiento que siguió, murieron todos los rehenes israelíes, 5 de los terroristas y un policía.

POR 2 MILÉSIMAS

El estadounidense Tim McKee y el sueco Gunnar Larsson terminaron empatados en la combinada individual de natación de 400 m. Los jueces contaron hasta las milésimas de segundo: McKee llegó 2 milésimas más tarde y quedó en segunda posición. Tras esta reñida final se cambió la regla: si las centésimas eran iguales, ambos recibirían medalla. En Múnich, McKee ganó otra plata y repetiría en Montreal 1976.

PROMETO SER HONESTO

Por primera vez en la historia de los Juegos Olímpicos de verano, el juramento olímpico fue tomado por jueces deportivos. Heinz Pollay, jinete alemán y medallista olímpico en Berlín 1936, fue el encargado de leer el texto en nombre de los jueces.

PEQUEÑAS GIGANTES EN LA PISCINA

Durante los Juegos de Múnich, a la edad de 15 años, 2 jovencísimas nadadoras acumularon entre ambas 8 medallas: la australiana Shane Gould se llevó 3 oros, 1 plata y 1 bronce, todas en competiciones individuales, mientras que la estadounidense Melissa Belote obtuvo 3 oros, con un triunfo por equipos en el relevo combinado de 4 x 400 m.

EL SALTO MORTAL DE KÓRBUT

La joven bielorrusa Olga Kórbut se convirtió en la estrella de los Juegos de Múnich por su audacia y sus acrobacias. Fue la primera gimnasta en realizar un salto mortal hacia atrás. En su honor, el movimiento desde entonces se conoce como «bucle Kórbut». La deportista soviética se mudó a los Estados Unidos después de la tragedia de Chernóbil, y acabó vendiendo sus 5 medallas en distintas subastas debido a problemas económicos.

RUEDAS DE LA FORTUNA

Knut Knudsen, un soldador noruego de 21 años, tuvo que pedir prestadas ruedas de bicicletas a sus colegas daneses para la carrera de ciclismo en pista debido a que no tenía suficientes. Ganó con solvencia la persecución individual de 4.000 m. Knut se convertiría en campeón mundial y ganaría 6 etapas del prestigioso Giro de Italia.

FINISH

UN JABALÍ QUE YA NO CORRE

Los soviéticos no permitieron que el tirador ucraniano Yakiv Zhelezniak, de origen judío, participara en el Campeonato Mundial de 1967 en Italia. Tras retirarse del deporte de alto nivel, regresó triunfalmente cuando su evento favorito, el «blanco móvil», fue reincorporado al programa olímpico. Zhelezniak venció en el tiro a un jabalí de madera y ganó el oro.

USA

FALSA VICTORIA

Mientras corría hacia la meta de la maratón en su ciudad natal, Frank Shorter vio cómo los aplausos se los llevaba un atleta que por sorpresa llegó primero. Era Norbert Sudhaus, un estudiante que en el último quilómetro, y antes de que el verdadero ganador entrara al estadio, se puso ropa deportiva y se unió a la carrera para gastar una broma al público.

FENÓMENO ACUÁTICO CON BIGOTE

Mark Spitz, un californiano de 22 años, compitió en natación sin gafas de nadar y con bigote. En el transcurso de 8 días, ganó 7 medallas de oro y rompió 7 récords mundiales. El nadador bromeó diciendo que su bigote era la razón por la que nadaba tan bien, porque el pelo sobre sus labios desviaba el agua de su boca.

¡ADIÓS, AMÉRICA!

Los saltadores de pértiga americanos habían ganado en todas las Olimpiadas desde 1896, pero una de las rachas ganadoras más largas en la historia del atletismo llegó a su fin cuando Wolfgang Nordwig, de Alemania Oriental, saltó 5,5 m, estableciendo un nuevo récord olímpico.

SIEMPRE GIRANDO

El estadounidense Brian Oldfield quedó sexto, pero innovó en la técnica de lanzamiento de peso introduciendo una rotación significativa del proyectil durante su vuelo. Esta técnica revolucionaria se conoce como el «giro Oldfield».

EL VUELO DE LOS KIWIS

Los remeros de Nueva Zelanda, campeones en 4 con timonel en Ciudad de México 1968, no tenían fondos suficientes para viajar a Múnich. Para conseguirlo, organizaron partidas de bingo y vendieron libros y objetos. En la competición de 8 con timonel, se impusieron con contundencia, dejando atrás a los favoritos estadounidenses.

«EL RAYO DE NOVOKAJOVKA»

El soviético Valeri Borzov no solo ganó los 100 m, también triunfó en los 200 m, convirtiéndose en el primer europeo en lograr un doblete en pruebas de velocidad. Es el único atleta olímpico que ha llegado al espacio: una foto suya, tomada en los Juegos de Múnich, fue colocada en las sondas espaciales Voyager 1 y Voyager 2, lanzadas en 1977, que todavía continúan orbitando.

EL REGRESO DEL TIRO CON ARCO

Tras 52 años de ausencia, el tiro con arco fue reincorporado al programa olímpico. Los arqueros estadounidenses dominaron los eventos individuales masculinos y femeninos. Las competiciones por equipos se añadirían en 1988, y Corea del Sur se convertiría en la principal potencia de este deporte.

LECHE DE CIERVO

El finlandés Lasse Virén ganó los 5.000 y 10.000 m en Múnich y luego en Montreal. Los rumores de una transfusión de sangre prohibida rodearon su éxito, a lo que Lasse respondió: «Mi único dopaje es un vaso de leche de ciervo cada mañana». Un «doble-doble» similar sería repetido en 2012 y 2016 por el británico Mo Farah.

INOCENTE Y CASTIGADO

Miruts Yifter, mientras corría por el campo en una prisión etíope, recordaba cómo ganó el bronce en los 10.000 m y llegó tarde a la final de los 5.000 m por un error de sus entrenadores. Entró en el estadio cuando los atletas ya llevaban una vuelta y el pobre salió de él entre lágrimas. A su regreso a Etiopía, fue arrestado durante 3 meses por no haber traído el oro a casa.

LA PRIMERA MASCOTA

Waldi, un teckel, se distinguió como la primera mascota oficial en la historia de los Juegos Olímpicos. Esta raza, conocida por su agilidad y resistencia, es particularmente apreciada en los hogares de Baviera y fue elegida personalmente por Willi Daume, presidente del Comité Olímpico Nacional Alemán.

REVOLUCIONARIO CONVENCIDO

«Prefiero el cariño de 8 millones de cubanos», «No cambiaría mi pedazo de Cuba ni por todo el dinero que me puedan ofrecer» fue la respuesta del boxeador cubano Teófilo Stevenson a una oferta millonaria para volverse profesional. Dominó el boxeo aficionado ganando el oro en los pesos pesados en Múnich, y repitiendo su éxito en Montreal 1976 y Moscú 1980.

PRODIGIO EN LAS ALTURAS

Ulrike Meyfarth, del país anfitrión, se convirtió en la saltadora de altura más joven (16 años) en ganar un oro olímpico. Repetiría su éxito 12 años más tarde en Los Ángeles 1984.

DESACUERDO OLÍMPICO

Las medallas de plata del equipo de baloncesto estadounidense aún permanecen en la sede del COI, ya que el equipo se niega a aceptarlas como señal de protesta. En la tensa final, los estadounidenses ya habían celebrado una victoria por 1 punto, pero los últimos segundos del juego se repitieron 3 veces. En el tercer intento, el equipo soviético les arrebató la victoria.

MONTREAL

CANADÁ, 1976

Por primera vez, aunque no sería la última, los Juegos Olímpicos se vieron afectados por un boicot masivo por razones políticas: 24 países africanos declinaron la invitación. Lo hicieron como protesta contra el equipo de rugby de Nueva Zelanda, que incluyó en su gira partidos en Sudáfrica, donde el régimen de segregación racial (*apartheid*) aún estaba vigente. Paralelamente, surgió otro conflicto por la negativa del país organizador, Canadá, de permitir la participación de Taiwán (por la presión de su principal socio comercial, China). Como resultado, 32 países decidieron no participar en Montreal 1976.

País ganador:
URSS – 124 — 49 · 41 · 35

Atleta ganador:
Nikolay Andrianov (URSS), gimnasia artística — 4 · 2 · 1

Número de atletas y países:
6.084 atletas – 92 países

Número de deportes:
21 deportes – 198 competiciones

VIRTUAL, ORIGINAL, E INNOVADOR

Por primera vez, la llama fue transmitida de continente a continente en forma de rayo láser a través de un satélite espacial, que recibió el haz desde Atenas y lo transmitió a Ottawa. Allí sirvió para encender una antorcha tradicional que ardía con aceite de oliva y que inició un recorrido por Canadá para terminar en Montreal.

LA HIDRATACIÓN ES LA CLAVE

Daniel Bautista, marchista mexicano, quedó tan deshidratado tras los 20 km que tuvo que beber 10 latas de refresco para poder proporcionar una muestra de orina para el control antidopaje. Fue el primer medallista de oro olímpico de México en atletismo, pero en los siguientes Juegos Olímpicos sería descalificado a 2 km de la meta.

LA ERA DE ÁNGEL HERRERA

De regreso de la escuela, el nativo de la Bahía de Guantánamo decidió ir a boxear con un amigo para impresionar a las chicas. A los 18 años, Herrera llevó la gloria al deporte cubano al derrotar a todos sus oponentes en la categoría de peso superligero y noquear a su oponente de Alemania Oriental en la final. Herrera defendería su título en los siguientes Juegos.

TRIUNFO CARIBEÑO

Por primera vez desde 1928, el podio de los 100 m masculinos no fue estadounidense por completo. El primer puesto lo obtuvo Hasely Crawford, de Trinidad y Tobago, quien completó la distancia en 10,06 segundos, convirtiéndose en el primer atleta caribeño en ganar un oro. En su honor, un estadio en la capital de Trinidad y Tobago lleva su nombre.

LAS TRES VICTORIAS DE VÍKTOR

Viktor Sanéiev, un atleta georgiano que competía para la URSS, comenzó su carrera como saltador de altura, pero tras una lesión de rodilla cambió al triple salto y dominó el evento durante mucho tiempo. Tras ganar el oro en Ciudad de México 1968, defendió su título en Múnich 1972 y lo mantuvo en Montreal, completando un triplete en estos Juegos.

ORGULLO INSULAR

Islas Bermudas, con una población entonces de 53.500 habitantes, se convirtió en el país menos poblado en ganar una medalla olímpica cuando el boxeador de peso pesado Clarence Hill se llevó el bronce. Este récord se conservaría hasta Tokio 2021, cuando San Marino ganaría su primera medalla.

SACRIFICIO PARA EL ÉXITO

En el campeonato de gimnasia por equipos, el japonés Shun Fujimoto continuó compitiendo a pesar de estar gravemente lesionado para no defraudar a su equipo, que luchaba por el oro. Logró realizar los ejercicios en el caballo con aros y un triple salto mortal en las anillas, y solo después de ganar cayó abatido por el dolor. Más tarde se supo que había competido con una rodilla rota.

JABALINA SUSPENDIDA EN EL AIRE

El húngaro Miklós Németh ganó el oro en lanzamiento de jabalina. Era hijo del legendario lanzador de martillo Imre Németh, quien había ganado el oro olímpico en Londres 1948. Posteriormente, Németh Jr. inventó nuevos modelos de jabalina y estableció varios récords mundiales. Sus modelos serían prohibidos posteriormente por proporcionar una ventaja excesiva a los atletas.

LA UNIÓN HACE LA FUERZA

El equipo alemán de esgrima, sin grandes figuras en su formación, no tuvo éxito en las competiciones individuales. Sin embargo, como conjunto lograron una victoria imprevista: se llevaron el oro en la prueba de florete por equipos. Entre ellos, formando parte de este «Cuarteto de Mosqueteros», estaba Thomas Bach, quien más tarde sería nombrado presidente del Comité Olímpico Internacional.

GIMNASIA PERFECTA

En las barras asimétricas, el marcador mostró un inusual 1,00, confundiendo inicialmente al público hasta que estallaron en aplausos para Nadia Comaneci, la gimnasta rumana de 14 años que obtuvo el primer 10 en la historia de los Juegos. El sistema no estaba preparado para mostrar un 10. Comaneci se llevó 3 medallas de oro en Montreal 1976.

UN CASTOR COMO MASCOTA

La mascota olímpica fue Amik el Castor, un símbolo de perseverancia y trabajo duro. El castor, al igual que la hoja de arce, es uno de los símbolos del país y aparece en el primer sello postal de Canadá y en la moneda de 5 centavos. El nombre «Amik» fue seleccionado a través de un concurso nacional.

EL BOTÓN MÁGICO DEL TRAMPOSO

Boris Onishchenko, pentatleta y campeón olímpico en Múnich, utilizó un dispositivo en la espada para cerrar el circuito eléctrico a voluntad durante la prueba de esgrima, generando toques falsos y sumando así puntuación. El engaño fue descubierto por el británico Jim Fox, y el atleta soviético fue expulsado del equipo soviético de por vida.

COMO PEZ EN EL AGUA

John Naber, quien posteriormente sería comentarista en una decena de Olimpiadas, ganó 2 medallas de oro y 1 de plata en eventos individuales de natación y 2 oros más en relevos. Una actuación estelar para el equipo de EE. UU.

EL CABALLO DE LAS PISTAS

El atleta cubano Alberto Juantorena fue apodado «El Caballo» por su velocidad, estatura, larga zancada y resistencia. Ganó los 400 m y 800 m, convirtiéndose en el primer atleta en lograr esta doble victoria en unos mismos Juegos.

UN BRITÁNICO EN LA PISCINA

El británico David Wilkie fue el único vencedor no estadounidense en la natación masculina de Montreal. Ganó los 200 m braza, mientras que los otros 12 oros fueron para Estados Unidos. Wilkie también ganó una plata en los 100 m braza. Fue el primer nadador en utilizar gafas de natación en una competición internacional en 1970 para protegerse de la alergia al agua con cloro.

AMARILLO Y AZUL

En la semifinal de fútbol entre Alemania oriental y la URSS, que finalizó 2-1, Danylo Myhal irrumpió en el campo con una bandera ucraniana, proclamando el deseo de independencia de Ucrania. En 2022, durante la invasión rusa, Myhal entregó esta bandera en el Estadio Olímpico de Kiev durante la inauguración del campeonato de fútbol ucraniano.

HIMNO COMPARTIDO

«No puedo darte una medalla, pero te daré nuestro himno nacional», dijo el tirador estadounidense Lanny Bassham a su compatriota Margaret Murdock. Murdock había empatado en puntuación con Bassham, pero esta perdió por un indicador adicional y obtuvo la plata en una competición donde mujeres y hombres compitieron juntos. Durante la ceremonia de entrega de medallas, ambos compartieron el escalón más alto del podio.

EL SECRETO DEL ORO DE LA RDA

El equipo de Alemania oriental ganó 11 medallas de oro en 13 eventos de natación femenina. En los Juegos de 1980 en Moscú, sus resultados serían igualmente impresionantes. Años después, tras numerosos escándalos publicados por la prensa, los entrenadores admitieron que sus atletas habían usado sistemáticamente esteroides anabólicos a gran escala.

GIGANTE LUCHANDO

Alexandr Kolchinski nació pesando 5 kg y creció mucho más y muy rápido. En Montreal, el gigante de casi dos metros ganó el oro en lucha grecorromana en la categoría de peso pesado. Defendería su título en Moscú en 1980. En los 90, Kolchinski fue encarcelado por extorsión, pero fue indultado el día de la apertura de los Juegos de Atlanta 1996.

RESISTENCIA POLACA

Irena Szewińska, apodada «la reina del esprint», se convirtió en un referente indiscutible del deporte femenino y en una de las mejores atletas de la historia. Fue la primera mujer en correr 400 m en menos de 50 segundos. En Montreal, ganó con confianza el oro en esa distancia. Irena sumó en cinco Juegos Olímpicos un total de 3 oros, 2 platas y 2 bronces en distintas distancias.

MOSCÚ

URSS, 1980

Las primeras Olimpiadas en Europa del Este se celebraron en Moscú, en plena Guerra Fría. Unos meses antes de que comenzaran los Juegos, la URSS envió tropas a Afganistán para derrocar al presidente Amin. Fue el inicio de la Guerra de Afganistán, que duraría hasta 1989. En protesta por la invasión soviética, más de 60 países boicotearon los Juegos. Entre ellos estaban Estados Unidos, Canadá, Alemania, Turquía, Japón, China y la mayoría de los países islámicos. En su lugar, solo 80 países del bloque comunista y principalmente países no islámicos de Asia y América Latina participaron en las competiciones, el número más bajo desde 1956.

País ganador:
URSS – 195 (80 · 69 · 46)

Atleta ganador:
Aleksandr Dityatin (URSS), gimnasia artística (3 · 4 · 1)

Número de atletas y países:
5.179 atletas – 80 países

Número de deportes:
21 deportes – 203 competiciones

UN AMIGO ANTE LA ADVERSIDAD

Debido al boicot, la austriaca Elisabeth Max-Theurer tuvo que viajar a los Juegos sin el apoyo de su federación ecuestre. La ayudó su amigo, el campeón de Fórmula 1 Niki Lauda, quien llevó a la yegua, Mon Cheri, a Moscú en uno de sus aviones, en un contenedor que él mismo había construido. La aventura valió la pena: Elisabeth y Mon Cheri ganaron el oro en doma ecuestre.

NEGRO SOBRE ROJO

Para los soviéticos, los Juegos de Moscú eran una vitrina de propaganda para el paraíso comunista. El masivo boicot de más de 60 países representó un duro golpe para el Kremlin, que había gastado unos 1.300 millones de dólares en preparar unos Juegos «perfectos». Ante las crecientes dificultades financieras, se vieron obligados a organizar loterías como Sportloto y Sprint para mitigar un posible desastre económico.

MOSCÚ TIENE DE TODO

Durante los Juegos Olímpicos, la habitual escasez soviética de bienes desapareció temporalmente. Los comercios se llenaron de productos como salami, yogur, queso, cerveza, jugos, zumos y cigarrillos importados. Incluso era posible adquirir zapatillas Adidas y chicle.

JUEGOS QUÍMICOS

En Moscú 1980, la «perfección» olímpica fue manchada por prácticas de dopaje. Konstantin Volkov, medallista de plata, revelaría que el laboratorio antidopaje confesó haber manipulado muestras de orina de todos los atletas, tanto soviéticos como extranjeros. Este patrón de dopaje continuaría, como se evidenció en los Juegos Olímpicos de invierno de 2014 en Sochi.

EL GESTO DE KOZAKIEWICZ

Durante la competición de salto de pértiga, los espectadores soviéticos lo abuchearon porque estaban a favor del saltador local. A pesar de ello, el polaco Władysław Kozakiewicz ganó la medalla de oro y estableció un récord mundial. Respondió a la audiencia insatisfecha haciendo el gesto del corte de manga.

EL OLFATO NO FALLA

El tirador soviético Aleksandr Meléntiev anotó 581 puntos de 600 posibles en el evento de pistola de 50 m. El récord se mantuvo 34 años hasta que Jong Oh Jin de Corea del Sur anotó 2 puntos más en 2014. Meléntiev podía distinguir las balas de su marca favorita por su olor, ya que la pólvora tenía un característico aroma a ajo.

MARATÓN DE MEDALLAS

La kayakista de Alemania Oriental (RDA) Birgit Fischer, inició su impresionante trayectoria olímpica en Moscú 1980, ganando el oro de los 500 m en piragüismo. Fischer había empezado a practicar piragüismo a los 6 años, y a los 18 se convirtió en la campeona olímpica más joven en este deporte, iniciando un maratón de medallas que duraría 24 años.

TRIUNFO INESPERADO

En su camino hacia la primera medalla de oro olímpica de Zimbabue, el equipo femenino de hockey sobre hierba derrotó a Austria, India, Polonia, Checoslovaquia y la URSS. El equipo fue seleccionado una semana antes de la ceremonia de apertura debido a una invitación tardía a los Juegos, y ninguna de las jugadoras tenía experiencia en hierba artificial.

GLORIA BRASILEÑA

Los jóvenes brasileños Eduardo Penido y Marcos Soares, ambos de 20 años, dominaron la clase 470 en vela, obteniendo 2 medallas de oro para Brasil, las primeras desde 1956. Posteriormente, Penido lideraría la Federación de Vela de Río de Janeiro, mientras que Soares fundaría una empresa relacionada con este deporte.

EL OSO MISHA

El oso pardo Misha fue la mascota. Es la primera mascota de un evento deportivo que tuvo un éxito comercial. El muñeco Misha se utilizó ampliamente durante las ceremonias de apertura y clausura, apareció en varios productos de *merchandising* y tuvo tanto un cortometraje animado como una serie de televisión.

PLENO DE DITYATIN

Aleksandr Dityatin, de la URSS, se convirtió en el primer gimnasta en ganar 1 medalla en cada uno de los 8 eventos de gimnasia en unos mismos Juegos Olímpicos. En un solo día, logró llevarse 3 oros y un total de 6 medallas, con múltiples puntuaciones perfectas de 10. Este hito no se veía en la gimnasia masculina desde 1924.

VIGILANCIA CONSTANTE

La Villa Olímpica estuvo excepcionalmente aislada durante los Juegos de 1980. Los atletas extranjeros eran constantemente vigilados para evitar cualquier tipo de contrapropaganda. Paralelamente, los oficiales del KGB entrevistaban a los atletas soviéticos antes de competir, mientras que los medios locales alertaban continuamente sobre las «enfermedades y provocaciones del Oeste».

CADA UNO CON SU BATALLA

Hubo un feroz «duelo» británico en los eventos de media distancia. El favorito en los 800 m, Sebastian Coe, perdió ante Steve Ovett en lo que describió como «la peor carrera de su vida». Seis días después, en los 1.500 m, Coe se cobró la revancha, terminando primero y Ovett tercero. Coe defendería su título en Los Ángeles 1984.

NO SOLO EN MOSCÚ

Algunas competiciones olímpicas se celebraron en otras ciudades de la URSS. Los juegos clasificatorios y los cuartos de final del torneo de fútbol se llevaron a cabo en Kiev, Minsk y Leningrado. Las competiciones de vela, que tuvieron lugar en Tallin, contaron con su propia mascota, la foca Vigri.

14:58,27

El nadador soviético Vladimir Salnikov ganó 3 medallas de oro y estableció un increíble récord: fue el primer nadador en completar los 1.500 m en menos de 15 minutos. En Seúl 1988, Salnikov, ya con 28 años y considerado mayor para ser nadador, fue aceptado en el equipo con la ayuda de la cúpula del partido e, inesperadamente, ganó el oro en la misma distancia.

VICTORIA PARA ALLAN WELLS

Allan Wells ganó el oro en los 100 m gracias a la foto de llegada y la plata en los 200 m, lo cual, se dijo, solo ocurrió porque no participaron velocistas de los países boicoteadores. Sin embargo, 2 semanas después, el británico ganó una carrera especialmente organizada contra los mejores atletas estadounidenses.

EL ENIGMA DE MIRUTS YIFTER

El corredor etíope Miruts Yifter se perdió los Juegos de Montreal 1976 por el boicot de su país, pero ganó los 5.000 m y 10.000 m en Moscú. El bicampeón olímpico se negó a confirmar su edad a los periodistas: «Los hombres pueden robar mis gallinas; los hombres pueden robar mis ovejas. Pero ningún hombre puede robar mi edad».

ADVERSIDADES Y MOTIVACIÓN

A los 10 años, Duncan Goodhew cayó de un árbol y sufrió alopecia por daños en el sistema nervioso. A los 13, fue diagnosticado con dislexia. El apoyo de su profesor de educación física le dio a Duncan la confianza y determinación necesarias para triunfar en el deporte. En los Juegos de 1980, ganó el oro para Reino Unido en los 100 m braza y también 1 medalla de bronce en relevos 4 x 100 m.

EL SALTO DEL COCINERO

Gerd Wessig, cocinero de 21 años y 2,01 m de altura, se unió al equipo olímpico de Alemania Oriental (RDA) solo un par de semanas antes de los Juegos. En su única participación olímpica, Wessig superó al favorito, el polaco Jacek Wszola, y se convirtió en el primer saltador de altura masculino en establecer un récord mundial de esta prueba en unas Olimpiadas, con un impresionante salto de 2,36 m.

FUERA DEL KILÓMETRO 101

En vísperas de los Juegos, Moscú se transformó en un ejemplo de ciudad limpia y ordenada. La mayoría de los ciudadanos fueron asignados a brigadas de construcción y los niños a campamentos de pioneros, dejando las calles inusualmente vacías. El acceso a la capital solo era posible con pases especiales. Personas con discapacidades visibles, sin hogar, mendigos, drogadictos y alcohólicos fueron evacuados temporalmente de las ciudades anfitrionas de los Juegos.

RIVALIDAD ENTRE GEMELOS

Entre 1974 y 1978, los gemelos de Alemania Oriental Bernd y Jörg Landvoigt ganaron 180 regatas de remo: todas excepto una, que perdieron contra otro par de gemelos, los soviéticos Yury y Nikolay Pimenov. En los Juegos de Moscú 1980, los Landvoigt vencieron en la categoría de 2 sin timonel y los Pimenov llegaron 2 segundos más tarde.

LOS ÁNGELES

ESTADOS UNIDOS, 1984

Las Olimpiadas se vieron afectadas, una vez más, por la Guerra Fría. Tras el boicot sufrido por Moscú en los Juegos de 1980, el bloque socialista devolvió la pelota: la Unión Soviética y otros 14 países socialistas boicotearon los Juegos, los segundos organizados por la ciudad estadounidense. Sin embargo, a pesar de las tensiones geopolíticas, las competiciones deportivas en la capital de la industria cinematográfica resultaron un modelo de *marketing* para futuros acontecimientos deportivos internacionales.

País ganador: EE. UU. – 174 — 83 · 61 · 30

Atleta ganador: Ecaterina Szabo (Rumanía), gimnasia artística — 4 · 1

Número de atletas y países: 6.829 atletas – 140 países

Número de deportes: 29 deportes – 221 competiciones

MOCHILA PROPULSORA

Decenas de miles de aficionados en el estadio y miles de millones delante de la televisión se quedaron con la boca abierta al ver cómo Bill Suitor volaba desde las gradas hasta el centro del estadio durante la ceremonia de apertura. Conocido como el «hombre cohete olímpico», Suitor no solo ganó 1.000 dólares por su hazaña, sino también la fama mundial.

CON EL ÚLTIMO ALIENTO

Deshidratada, apenas capaz de mover las piernas y tambaleándose, Gabriela Andersen-Schiess, de Suiza, hizo un intento heroico por terminar la primera maratón femenino en la historia de los Juegos. Exhausta, rechazó a los médicos para no ser descalificada por asistencia no autorizada, pero en cuanto cruzó la línea de meta, cayó inconsciente en sus brazos.

SAM EL ÁGUILA

En contraste con la imponente águila del escudo de Estados Unidos, la mascota de los Juegos de 1984 fue Sam el águila olímpica, un personaje alegre y amistoso diseñado por Robert Moore, de los estudios Walt Disney. Sam capturó el corazón del público, superando al oso, símbolo tradicional de California, como imagen representativa de los Juegos.

«¿DÓNDE ESTÁN LOS HOMBRES FUERTES?»

La halterofilia sufrió un duro golpe cuando más de la mitad de los medallistas del Campeonato Mundial que precedió a los Juegos no viajaron a Estados Unidos debido al boicot. Ante la ausencia de tantos levantadores destacados (búlgaros, soviéticos, polacos, húngaros, alemanes orientales, checoslovacos...), el campeonato por equipos fue ganado por China con 4 medallas de oro y 2 de plata.

MÁS MUJERES

Nawal El Moutawakel de Marruecos se convirtió en la primera atleta de un país musulmán en ganar un oro olímpico, triunfando en los 400 m vallas. Posteriormente, en 2012, fue nombrada vicepresidenta del COI. Los Juegos también destacaron por un incremento en la participación femenina, que representó el 23 % de los atletas y vio la introducción de competiciones femeninas en natación sincronizada, gimnasia rítmica, maratón, 3.000 m, tiro y ciclismo de ruta.

SU MAJESTAD

Con solo 21 años, Michael Jordan fue la estrella del equipo de Estados Unidos. Ganó la medalla de oro y se convirtió en el mejor jugador de baloncesto de los Juegos. Aunque de joven el temperamental Jordan no fue aceptado en el equipo debido a su baja estatura, su cuerpo y sus resultados crecieron: Jordan se convirtió en una leyenda del baloncesto mundial y de los Chicago Bulls, ganándose el apodo de «Su Majestad» por su capacidad de elevarse frente al tablero.

SIN RIVALES

Los Ángeles se adjudicó la organización de los Juegos Olímpicos con facilidad, siendo la única candidata tras la retirada de Teherán debido a inestabilidades políticas en Irán. La ciudad estadounidense fue seleccionada en su sexto intento desde 1948.

UNA LEYENDA EN CINCO ACTOS

En cinco Juegos consecutivos, desde Los Ángeles 1984, ganó 5 medallas de oro. Un gigante, casi dos metros de altura y una leyenda del remo, recibió el título de caballero por la reina Isabel II por sus logros deportivos. Cansado de tanto deporte de competición, el remero británico Steven Redgrave anunció bromeando en televisión: «Cualquiera que me vea en un bote tiene mi permiso para dispararme».

ÉXITO OLÍMPICO DE RUMANÍA

A pesar del amplio boicot del Bloque del Este, Rumanía decidió participar en los Juegos de Los Ángeles. La gimnasta Ecaterina Szabo se llevó a casa 4 medallas de oro y 1 de plata, ayudando a su país a alcanzar el segundo lugar en la competición por equipos, el mayor éxito olímpico del país. Fue llamada «la siguiente Nadia» en referencia a la también rumana Nadia Comaneci.

EL REGRESO DE CHINA

China regresó a los Juegos después de participar por última vez en 1952, ausente todo ese tiempo debido a sus desacuerdos políticos con Taiwán. La estrella principal del equipo fue el gimnasta Li Ning, quien ganó 3 medallas de oro (una quinta parte de los oros ganados por atletas chinos en Los Ángeles), así como 2 de plata y 1 de bronce.

BIG MAC - ORO, PATATAS FRITAS - PLATA, COCA-COLA - BRONCE

Una comida gratis por cada medalla ganada por los estadounidenses: McDonald's realizó una promoción patriótica para los residentes del país, aunque perdiendo millones de dólares, ya que Estados Unidos ganó 174 medallas ante la ausencia de los países que boicotearon los Juegos. A pesar de las pérdidas, McDonald's repetiría una campaña similar en los siguientes Juegos Olímpicos.

JUEGOS EN LA ERA DE INTERNET

Los organizadores invirtieron 50 millones de dólares en tecnología electrónica, utilizando localizadores, creando una base de datos informática con resultados para atletas y entrenadores, e incorporando sensores especiales en los bloques de salida de los corredores para detectar salidas falsas.

MARCHA OLÍMPICA: «YO SOY TU PADRE»

El renombrado compositor John Williams, creador de la «Fanfarria olímpica» de 1984, premiada con un Grammy, es el compositor de la música de otros tres Juegos Olímpicos más. También es autor de las icónicas bandas sonoras de películas como *La Guerra de las Galaxias*, *Indiana Jones* y *Harry Potter*, entre otras muchas.

ADVERSIDAD Y TRIUNFO

A solo 5 semanas de la competición, la gimnasta de 16 años Mary-Lou Retton fue sometida a una cirugía de rodilla, pero su obstinada voluntad la ayudó a recuperarse. Frente a su público, la estadounidense ganó 1 oro, 2 platas y 2 bronces, convirtiéndose en la primera mujer estadounidense en ganar el campeonato individual completo de gimnasia.

OTROS RÉCORDS

Neroli Fairhall, de Nueva Zelanda, sufrió un accidente de motocicleta que la dejó paralizada de cintura para abajo. En Los Ángeles, compitió en tiro con arco desde su silla de ruedas. Quedó en el puesto 35 y se ganó un lugar en los libros de récords al convertirse en la primera atleta parapléjica en competir en los Juegos Olímpicos.

GANANCIAS MILLONARIAS

Peter Ueberroth, nacido el mismo día del fallecimiento de Pierre de Coubertin en 1937, lideró el comité organizador de Los Ángeles 1984. Bajo su gestión, la ciudad logró ganancias récord de 250 millones de dólares al reducir el gasto público pero atrayendo a grandes empresas privadas como patrocinadores. Debido al gran éxito de los Juegos, fue Persona del Año 1984 para la revista *Time*.

UNA DÉCADA DE VICTORIAS

Edwin Moses, atleta estadounidense, continuó su dominio en los 400 m vallas ganando su segunda medalla de oro olímpica tras la de Montreal. Utilizando su propia técnica, Moses cubría la distancia de obstáculo a obstáculo en 13 pasos. También estableció un récord único: desde agosto de 1977 hasta junio de 1987, ganó 122 carreras, en 9 años, 9 meses y 9 días.

DE LA PISTA AL PODIO

Ya siendo un icono del atletismo, el estadounidense Carl Lewis, de 23 años, hizo lo inimaginable al ganar el oro en los 100 m (9,99 s) y en los 200 m, relevos 4 x 100 m y salto de longitud. Lewis, apodado el «Hijo del viento», continuaría su éxito olímpico en los siguientes Juegos, culminando su carrera con múltiples medallas en carreras y saltos. En 1999, el Comité Olímpico Internacional lo nombró «Deportista del siglo».

ICONO DEL DECATLÓN

Daley Thompson, quien creció sin padre desde los 6 años y soñaba con ser futbolista, descubrió su talento en el atletismo. Como especialista en decatlón, ganó la medalla de oro en Moscú 1980 y revalidó su título en Los Ángeles. Finalmente, Thompson cumplió su sueño de infancia al convertirse en entrenador físico en clubes de fútbol profesional en Inglaterra.

CORRIENDO DESCALZA

Unos meses antes de los Juegos, Reino Unido concedió la ciudadanía a la sudafricana Zola Budd, de 18 años. No compitió por su país natal debido a las sanciones contra el *apartheid*. En los 3.000 m, chocó con la estadounidense Mary Decker, quien cayó y no pudo terminar, mientras que Budd, conocida por correr descalza, finalizó en séptimo lugar.

SEÚL

COREA DEL SUR, 1988

Los Juegos de Seúl tuvieron lugar en un ambiente de armonía que ayudó a acercar al mundo en los años finales de la Guerra Fría. Fue la primera edición desde Múnich 1972 que no sufrió un boicot político masivo. Los segundos Juegos celebrados en Asia y los primeros de Corea del Sur mejoraron la imagen internacional del país y fomentaron su avance democrático y económico.

País ganador:
URSS – 132 — 55 31 46

Atleta ganador:
Kristin Otto (Rep. Dem. Alemana), natación — 6

Número de atletas y países:
8.397 atletas – 159 países

Número de deportes:
23 deportes – 237 competiciones

PALOMAS CHAMUSCADAS

Durante la ceremonia de apertura de los Juegos de Seúl, la tradicional liberación de palomas acabó en desastre cuando algunas aterrizaron en el pebetero de la llama olímpica y se quemaron. En Barcelona 1992, las palomas fueron liberadas antes del encendido de la llama, y posteriormente, el uso de palomas vivas fue abandonado completamente.

CEREMONIA NOCTURNA

Los Juegos Olímpicos de Seúl 1988 marcaron la última vez que la ceremonia de apertura se realizó a la luz del día. La imagen elegida para el emblema fue una representación del *sam taegeuk* —símbolo de la cultura coreana— con los colores amarillo (humanidad), rojo (tierra) y azul (cielo). En la parte inferior aparecen los anillos olímpicos.

EL KIMCHI CONQUISTA EL MUNDO

Las verduras fermentadas y picantes, especialmente el repollo asiático, son la base del kimchi, plato nacional de Corea. Durante los Juegos Olímpicos de 1988, los coreanos adoptaron la práctica de cepillarse los dientes después de comer kimchi para no desalentar a los turistas no familiarizados con su potente sabor. Este evento marcó el inicio de la popularidad mundial del kimchi, que hoy en día se puede encontrar en numerosos restaurantes de todo el mundo.

CAMPEÓN DE HIERRO DURANTE DOS DÉCADAS

El dominio olímpico del checo Jan Železný empezó en Seúl 1988 con una medalla de plata en lanzamiento de jabalina. Continuaría ganando el oro en las siguientes 3 ediciones de los Juegos, convirtiéndose en el primero en lograr tal hazaña consecutiva en este deporte. Criado en una familia de lanzadores de jabalina, Železný llevó la tradición familiar a nuevas alturas.

CONFUSIÓN EN LA PISTA DE GIMNASIA

En un incidente durante las competiciones de gimnasia, un juez de Alemania Oriental restó medio punto al equipo femenino de Estados Unidos debido a una falta al reglamento, ya que una de sus gimnastas apareció mientras una compañera realizaba su ejercicio de paralelas. Este error permitió que el equipo de la RDA obtuviera la medalla de bronce.

DOPAJE EN EL PODIO

La halterofilia búlgara se vio ensombrecida por el dopaje cuando Mitko Grablev y Angel Guenchev fueron despojados de sus medallas de oro tras dar positivo en las pruebas de sustancias prohibidas. Aunque 2 compatriotas suyos ocuparon sus lugares en el podio, uno de ellos más tarde se enfrentaría a su propio escándalo de dopaje mientras entrenaba en Australia.

RESCATE EN ALTA MAR

El clima empeoró rápidamente durante la competición de vela en clase Star, y el canadiense Lawrence Lemieux detuvo su carrera para rescatar a dos competidores de Singapur de las aguas heladas tras volcar su embarcación. Aunque Lemieux perdió su oportunidad de ganar la regata, recibió del presidente del COI, Juan Antonio Samaranch, la medalla Pierre de Coubertin por defender el verdadero espíritu del deporte.

DEPORTE SUCIO

La atleta Heidi Krieger, víctima del sistemático dopaje de los deportistas en Alemania Oriental, se enfrentó a graves problemas de salud que terminaron con su carrera deportiva. Posteriormente se sometería a un cambio de género, convirtiéndose en Andreas, y testificaría contra las prácticas de dopaje en su país. En su honor, se estableció la Medalla Heidi Krieger, que reconoce a los alemanes que luchan contra el dopaje.

COMPETIR CON SIDA

Antes de los Juegos Olímpicos, el clavadista estadounidense Greg Louganis descubrió que tenía SIDA. Durante la competición se golpeó la cabeza en el trampolín y sufrió una conmoción cerebral, lo que llevó a la pregunta: ¿había contaminado el agua? A pesar del incidente, se permitió al atleta continuar compitiendo. Al igual que en Los Ángeles 1984, ganó 2 medallas de oro y posteriormente fue incluido en el Salón de la Fama de los Atletas LGBT.

HODORI, EL TIGRE MASCOTA

Un héroe alegre, valiente y noble de las leyendas coreanas, el cachorro de tigre de Amur Hodori («ho» significa «tigre» en coreano), se convirtió en la mascota de los Juegos. Fue seleccionado superando la competencia de una ardilla, un conejo y un par de patitos.

SALTANDO HACIA LAS ESTRELLAS

No dejaron de inventar apodos para él: «Hombre pájaro», «Rey del cielo», «Señor récord». El soviético Serguéi Bubka superó los 6 m en salto con pértiga 3 años antes de los Juegos y ganó el oro en Seúl. Actualizaría el récord mundial 35 veces. Su última marca permaneció vigente durante casi 30 años, aunque no lograría medallas en los siguientes Juegos Olímpicos.

DEL ÉXITO A LA VERGÜENZA

La final de los 100 m, ganada por el jamaicano-canadiense Ben Johnson, terminó en escándalo. El velocista corrió en un tiempo récord de 9,79 segundos, pero se descubrió que competía dopado. Johnson fue despojado de su título y la medalla de oro fue para el legendario Carl Lewis, de Estados Unidos, que quedó segundo. Cinco años más tarde, Johnson fue descalificado de por vida.

HAZAÑA EN LA HIERBA

Después de 68 años, Reino Unido finalmente recuperó la corona olímpica de hockey sobre hierba: el equipo masculino derrotó a Alemania 3-1 en la final. En su camino hacia el oro, también habían vencido al equipo de India, 8 veces campeón. El partido sigue siendo considerado uno de los mejores en la historia del equipo británico de hockey, que aún sueña con repetir la hazaña.

SUEÑO CUMPLIDO

La ceremonia de apertura de los Juegos en Seúl fue especialmente significativa para Sohn Kee-chung, el maratonista coreano que ganó el oro en 1936 bajo bandera japonesa durante la ocupación. A los 76 años, llevó la antorcha olímpica al estadio Jamsil, simbolizando la resistencia y el honor recuperados de su nación.

LA VUELTA DEL TENIS

El tenis regresó a los Juegos Olímpicos después de 64 años, y la alemana Steffi Graf ganó la medalla de oro. Ese mismo año, también venció en los 4 torneos de Grand Slam, por lo que se hizo con el título «Golden Slam». Hasta hoy, Steffi es la única tenista en haber logrado esta hazaña en una misma temporada. En categoría masculina, nadie lo ha conseguido hasta hoy.

¡ABUELA, LLEGARÉ LEJOS!

Jackie Joyner-Kersee, de Estados Unidos, había sido capitana del equipo de voleibol y también jugadora de baloncesto, pero alcanzó la fama olímpica en el salto de longitud y el heptatlón, ganando 2 medallas de oro en Seúl. Un orgullo para su abuela, quien, hablando de su nieta y refiriéndose a su tocaya Jackie Kennedy, dijo: «Algún día esta niña será la primera dama de algo».

PLUMA DORADA

En el año de los Juegos Olímpicos, Kristin Otto, una graduada en periodismo de Alemania Oriental, dejó sus prácticas en una estación de radio para convertirse en nadadora. Su excepcional actuación en los Juegos Olímpicos culminó con la obtención de 6 medallas de oro, estableciendo un récord para una atleta femenina en una sola edición de los Juegos.

HASTA LA PUNTA DE LAS UÑAS

En los 100 m mariposa, Matt Biondi (Estados Unidos) fue superado por solo 0,01 segundos. Reflexionando sobre su derrota, Biondi bromeó: «¿Y si hubiera dejado crecer mis uñas un poco más?». A pesar de este revés, la carrera de Biondi fue muy exitosa: acumuló 8 medallas de oro olímpicas a lo largo de 3 Juegos (5 de ellas en Seúl).

VELOCIDAD Y ESTILO

Conocida como «Flo-Jo», Florence Griffith Joyner destacó no solo por su velocidad, ganando en los 100 m y 200 m, así como relevos 4 x 100 m como parte del equipo, sino también por sus atuendos llamativos que ella misma diseñaba. Su vida terminó prematuramente a los 38 años por un ataque de epilepsia.

PATINES Y PEDALES

La atleta de Alemania Oriental Christa Luding-Rothenburger ganó la medalla de plata en la prueba de ciclismo en pista. Había ganado el oro 7 meses antes en la prueba de patinaje de velocidad de 1.000 m en los Juegos Olímpicos de invierno de Calgary. Fue la primera atleta en ganar medallas tanto en los Juegos Olímpicos de verano como en los de invierno en un mismo año.

BARCELONA

ESPAÑA, 1992

Por primera vez desde 1972, los Juegos Olímpicos se celebraron sin boicots: había caído el Muro y quedado atrás la Guerra Fría. La URSS se había disuelto y 11 de las repúblicas que la integraban formaron la Comunidad de Estados Independientes, que compitió en Barcelona 1992 con el nombre de Equipo Unificado. La desintegración de Yugoslavia propició los debuts olímpicos de Croacia, Eslovenia y Bosnia-Herzegovina. Además, Alemania se había reunificado. En 1992, el espíritu olímpico envolvió al mundo entero.

País ganador:
Equipo Unificado – 112 — 45 · 38 · 29

Atleta ganador:
Vitaly Scherbo (Equipo Unificado-Bielorrusia), gimnasia artística — 6

Número de atletas y países:
9.356 atletas – 169 países

Número de deportes:
25 deportes – 257 competiciones

DÚO INCOMPLETO

La soprano Montserrat Caballé y el barítono Freddie Mercury, cantante de Queen, iban a cantar juntos la canción olímpica *Barcelona*, presentada en 1987. Sin embargo, Mercury murió unos meses antes de los Juegos. Caballé rechazó actuar con otro acompañante, por lo que, durante la ceremonia de apertura, se reprodujo la grabación original del exitoso tema.

UN DÍA QUE VALIÓ 4 OROS

Vitaly Scherbo, gimnasta de Bielorrusia, integrada en el Equipo Unificado, obtuvo 6 medallas de oro en Barcelona 1992. Fue el primero de la historia en lograr esta hazaña en unos mismos Juegos, y también en colgarse 4 oros en un mismo día. En ese inolvidable 2 de agosto, Scherbo venció en barras paralelas, salto y anillas, y empató en caballo con arcos. Además, el prodigioso gimnasta quedó primero en el concurso completo individual y por equipos.

UNA FLECHA DE FUEGO

Era de noche en el estadio de Barcelona cuando, en la ceremonia de inauguración, la antorcha con la llama olímpica entró en el recinto. Antonio Rebollo, arquero madrileño y campeón paralímpico, la esperaba para encender el pebetero. Una flecha de fuego salió de su arco y cruzó la oscuridad, seguida por todas las miradas. Ante el entusiasmo de los espectadores, Rebollo no erró: en el pebetero se elevó una enorme llama. «No tenía miedo. En ese momento, era como un robot», contó.

SUPERACIÓN OLÍMPICA

La prometedora corredora estadounidense Gail Devers no pudo participar en Seúl 1988 por padecer la enfermedad de Graves. Los médicos llegaron a considerar amputarle sus extremidades inferiores, pero Devers al final logró recuperarse. Hasta tal punto que, en Barcelona, venció en la carrera de los 100 m. Gail estuvo a punto de completar un doblete ganando los 100 m vallas, pero, siendo líder de la carrera, tocó el último obstáculo y terminó en quinta posición.

REINADO EN LONGITUD

En Barcelona, el atleta estadounidense Carl Lewis sumó 2 triunfos olímpicos más (en relevos 4 x 100 m y en salto de longitud) a las 6 medallas de oro conseguidas en Los Ángeles 1984 y Seúl 1988. ¡Se convirtió en campeón de salto de longitud por tercera vez consecutiva! Cuando tenía 15 años, Lewis comenzó a crecer tan rápido, más de 6 cm por mes, que incluso tuvo que caminar con muletas.

CONTRA EL RACISMO

Al término de la carrera de los 10.000 m, la vencedora, la etíope Derartu Tulu (primera africana negra que ganaba un oro olímpico), esperó en la meta a la segunda clasificada, la sudafricana Elana Meyer. Las dos atletas se abrazaron y luego dieron la vuelta de honor al estadio de la mano. Este emocionante gesto fue un símbolo de la lucha contra el racismo y la reconciliación entre blancos y negros tras el fin del *apartheid* en Sudáfrica.

VICTORIA INESPERADA

Con solo 16 años, la estadounidense Jennifer Capriati, que hasta entonces no había obtenido ningún gran triunfo en su carrera, ganó la final del torneo de tenis contra la alemana Steffi Graf, vigente campeona olímpica. En el futuro, Capriati sumaría 14 títulos individuales profesionales, incluyendo 3 títulos de Grand Slam, si bien no se colgó ninguna otra medalla olímpica.

DEBUT ESTELAR DEL «DREAM TEAM»

Por primera vez en la historia, los profesionales de la NBA compitieron en unos Juegos. Para el equipo de Estados Unidos, liderado por jugadores legendarios como Michael Jordan, Magic Johnson y Larry Bird, colgarse la medalla de oro fue coser y cantar. Ver jugar al *dream team* («equipo de ensueño») fue uno de los espectáculos inolvidables de Barcelona 1992.

UNA MASCOTA DIFERENTE

Los Juegos de Barcelona fueron innovadores en muchos aspectos. Sin duda, uno de ellos fue la mascota elegida, un perro de estilo cubista llamado Cobi. Obra de Javier Mariscal, su estilo rompió con todos los diseños anteriores. Aunque de entrada tuvo una acogida dispar, con el tiempo se ha convertido en una de las mascotas más populares de la historia de los Juegos Olímpicos.

SALTO ADELANTE

España, como país anfitrión, hizo un gran esfuerzo en la preparación de sus deportistas y obtuvo 22 medallas (13 de oro, 7 de plata y 2 de bronce), su mejor resultado en unas Olimpiadas. Hasta entonces, no había pasado de 6 medallas. La vela fue el deporte con más éxitos (5 medallas), seguida del atletismo (4) y del tenis (3). España también ganó los torneos de fútbol masculino y hockey femenino, entre otros.

ATLETA PRECOZ

La saltadora china Mingxia Fu, con solo 13 años, ganó la competición de salto de plataforma en esta cita olímpica. A los 11 años, ya había debutado internacionalmente. En Atlanta 1996 se alzaría con 2 medallas de oro y, a los 18, ¡anunció su retirada! Lo hizo para poder ir a la universidad. Sin embargo, volvió en Sídney 2000 y no defraudó: ganó una medalla de oro y otra de plata.

ASHFORD, MADRE E IMBATIBLE

A los 35 años, Evelyn Ashford ganó su cuarta medalla de oro olímpica. Lo hizo en la carrera de relevos 4 x 100 m, en la que ya tenía otros 2 oros (3 victorias olímpicas consecutivas, un récord todavía no superado). Es la atleta mujer estadounidense de mayor edad en ganar una medalla olímpica. Había dado a luz a su hija antes de los Juegos de Seúl 1988, y demostró que la maternidad y el deporte de altísimo nivel podían ir de la mano.

ATRAPAR EL VIENTO

Hassiba Boulmerka fue la atleta más rápida en los 1.500 m. Estableció un récord africano en esta distancia y se convirtió en la primera mujer argelina en ganar un oro olímpico. A pesar de haberse convertido en una estrella, se vio obligada a mudarse a Europa debido a las amenazas que recibía por parte de grupos fundamentalistas por no usar velo y llevar pantalón corto.

DESEO CUMPLIDO

Óscar de la Hoya, boxeador estadounidense de ascendencia mexicana, le hizo una promesa a su madre, que estaba a punto de morir: cumplir su deseo de que se convirtiera en campeón olímpico. Lo logró derrotando al alemán Marco Rudolph, quien le había vencido en la final del anterior Campeonato Mundial. En total, De la Hoya fue campeón del mundo 11 veces, en hasta 6 categorías de peso diferentes.

APOYO PATERNO

Derek Redmond, favorito en los 400 m, se lesionó gravemente en semifinales. El atleta británico quiso llegar como fuese a la meta, y su padre saltó a la pista para ayudarlo mientras el público lo ovacionaba en pie. El episodio resume el espíritu olímpico y es uno de los más recordados de la historia de los Juegos.

DINASTÍA OLÍMPICA

Cuando Andreas Keller ganó la plata para el equipo alemán de hockey sobre hierba en Los Ángeles en 1984, se convirtió en el tercer miembro de su familia en colgarse una medalla olímpica. Su abuelo, Erwin, había obtenido la plata en Berlín 1936, y su padre, Carsten, el oro en Múnich 1972. Andreas también ganaría una medalla de oro: en Barcelona 1992.

CUBA SALTA DE NUEVO AL RING

Cuba regresaba a los Juegos Olímpicos tras dos boicots consecutivos y demostró su destreza en el boxeo ganando 7 medallas de oro de las 14 en disputa. Hasta 2022, el boxeo profesional estuvo prohibido en la isla. Cuba cuenta con dos tricampeones olímpicos de boxeo: Teófilo Stevenson y Félix Savón.

DOMINIO ACUÁTICO

Krisztina Egerszegi (Hungría) logró 3 medallas de oro en natación en las Piscinas Picornell de Barcelona (en 100 y 200 m espalda y en 400 m estilos). «La reina Kristina», como fue apodada por la prensa, ganó su primera medalla de oro a los 14 años en Seúl 1988, y su quinta, en Atlanta 1996.

HISTORIA ESCRITA EN LOS TATAMIS

La primera medalla olímpica de la historia de Israel fue la plata de Yael Arad en la categoría femenina de judo, deporte que hizo su debut oficial en Barcelona 1992. El éxito de Arad impulsaría el judo en su país. Los judocas israelíes han logrado 6 medallas olímpicas, mientras que Israel suma en total poco más del doble.

DE LAS MEDALLAS A LOS ANILLOS

El bádminton fue incluido por primera vez en las Olimpiadas en 1992. La primera medalla de oro de la historia olímpica de este deporte fue para Indonesia, tanto en la categoría femenina, ganada por Susi Susanti, como en la masculina, en la que triunfó Alan Budikusum. Años después, Susanti y Budikusum se casaron. Se les llamó «la pareja olímpica».

ATLANTA

ESTADOS UNIDOS, 1996

Esta edición de las Olimpiadas coincidió con el centenario de los primeros Juegos Olímpicos modernos de Atenas 1896. A pesar del clima de celebración, la organización de Atlanta 1996 fue criticada por su excesiva comercialización de un acontecimiento deportivo y por los problemas logísticos y los fallos de seguridad que se produjeron. El terrorismo golpeó los Juegos, como ya ocurrió en Múnich 1972, cuando una bomba explotó en el Centennial Olympic Park de Atlanta.

País ganador:
EE. UU. – 101 — 44 · 32 · 25

Atleta ganador:
Amy Van Dyken (EE. UU.), natación — 4

Número de atletas y países:
10.318 atletas – 197 países

Número de deportes:
26 deportes – 271 competiciones

«¿QUÉ ES ESO?»

Izzy fue la mascota de los Juegos de Atlanta —inicialmente se llamó *Whatizit*, «¿qué es eso?»—. Destaca por su gran sonrisa y sus ojos saltones y por llevar ensartados los aros olímpicos en su cola. Esta creación virtual es recordada como quizá la mascota más polémica en la historia de los Juegos Olímpicos.

UN LEGADO DE ORO

Enamorada del baloncesto desde pequeña, Teresa Edwards solía vencer a sus hermanos cuando jugaba contra ellos. A los 32 años, Edwards ganó su tercera medalla de oro con el equipo de baloncesto estadounidense en Atlanta. Volvió a conseguirlo en Sídney 2000, triunfo que la convirtió en el primer deportista con 4 medallas de oro olímpicas de baloncesto.

DIFÍCIL DE IGUALAR

Lilia Podkopaieva, gimnasta de Ucrania, destacó en Atlanta 1996 al ganar el oro en el concurso individual y en suelo, además de obtener la plata en barra. Al son de *El barbero de Sevilla*, realizó un doble salto mortal hacia adelante con un giro de 180 grados, una acrobacia que, en categoría masculina, se tardó mucho tiempo en poder reproducir.

TERRORISMO GLOBAL

Una bomba estalló en el Centennial Olympic Park de Atlanta durante los Juegos, con un balance de 2 personas fallecidas y 111 heridas. La actuación del guardia de seguridad Richard Jewell, quien inicialmente había sido considerado sospechoso del ataque, evitó un mayor número de víctimas. Eric Rudolph fue identificado como responsable del atentado y arrestado en 2003.

NIGERIA CONTRA ARGENTINA

Con elegantes fintas, el equipo de fútbol de Nigeria brilló en el campo y sorprendió a todos. En semifinales, superó a Brasil por 4–3, un rival con figuras estelares como Bebeto, Ronaldo, Rivaldo y Roberto Carlos. En la final, un partido de infarto, lograron el gol decisivo en los últimos momentos para imponerse a Argentina por 3–2.

A MEDIA DISTANCIA

Donovan Bailey, de Canadá, ganó el oro en los 100 m con un tiempo de 9,84 segundos, mientras que el estadounidense Michael Johnson vencía en los 200 m. Un año después de los Juegos, se enfrentaron en una carrera comercial de 150 m. Bailey fue el vencedor, ya que su oponente se retiró lesionado.

MENSAJES POLÉMICOS

El fabricante de ropa deportiva Nike se vio envuelto en un escándalo por el tono de sus eslóganes publicitarios: «Si no estás aquí para ganar, eres un turista», «No ganas la plata, pierdes el oro»… La agresiva campaña de *marketing* fue detenida por el COI bajo la amenaza de imponer severas sanciones.

VICTORIA ENTRE LÁGRIMAS

En gimnasia artística, los Estados Unidos pelearon duramente para conseguir el oro en la competición por equipos. Una de sus gimnastas, Kerri Strug, de 18 años, derramó abundantes lágrimas tras lesionarse el tobillo en su primer salto. Pero, a pesar del dolor extremo que sentía, realizó un segundo intento y obtuvo una puntuación elevada. Gracias a ello, su país venció y Strug recibió su medalla con una férula en la pierna.

LA GACELA FRANCESA

La corredora Marie-José Pérec hizo historia al ganar el oro en los 400 m y en los 200 m, igualando a Michael Johnson en la hazaña de lograr el doble triunfo en un mismo día. En los Juegos de Sídney 2000 no llegó a competir.

«SALTO AL FUTURO»

La atleta ucraniana Inessa Kravets se llevó el oro en triple salto. Era la primera vez que las mujeres competían en esta disciplina en unos Juegos. Un año antes, en el Campeonato Mundial, Kravets había logrado el llamado «salto al futuro», una marca excepcional de 15 m y 50 cm con la que estableció un récord mundial que no fue superado hasta Tokio 2020.

EL «DREAM TEAM II»

Los Estados Unidos ganaron por undécima vez la medalla de oro olímpica de baloncesto masculino. El equipo recibió el nombre de Dream Team II porque, a pesar de no tener en sus filas a Michael Jordan, continuaba contando con grandes estrellas de la NBA, como Scottie Pippen, Shaquille O'Neal, Charles Barkley, Karl Malone, David Robinson... Venció a Yugoslavia por 95 a 69 puntos en la final.

CAMBIO IMPORTANTE EN EL CICLO OLÍMPICO

El Comité Olímpico Internacional decidió que los Juegos de verano y los de invierno no se celebrarían más en un mismo año. Se estableció que, a partir de 1992, tendrían lugar de forma alternada, cada dos años. Por este motivo, los siguientes Juegos de invierno, en Lillehammer (Noruega), se celebraron 2 años antes, en 1994, en lugar de 1996.

GOLDEN SLAMS Y ROMANCES

El tenista estadounidense Andre Agassi ganó el oro en Atlanta. Gracias a este triunfo consiguió también el Golden Slam de carrera deportiva (ganar los 4 Grand Slams y una medalla olímpica). En 2001, se casó con Steffi Graf, la única tenista que tiene un verdadero Golden Slam (ganar estos títulos en un mismo año).

GLORIA Y CONTROVERSIA

El medallero de Irlanda en Atlanta 1996 fue mérito único y exclusivo de una nadadora, Michelle Marie Smith, quien obtuvo 3 oros y 1 bronce. En 1998, la gran triunfadora fue descalificada por dopaje, aunque su culpabilidad nunca fue confirmada de forma definitiva. Esto le permitió conservar sus medallas.

EL HÉRCULES DE BOLSILLO

Este era el apodo dado al levantador de pesas turco Naim Süleymanoğlu por su corta estatura: 1,46 m. A pesar de sufrir enfermedades en los pulmones, el hígado y la espalda, se alzó con su tercera medalla de oro olímpica consecutiva en halterofilia ¡levantando 3 veces su propio peso!

LEYENDAS DEL BOXEO

Atlanta reunió el majestuoso pasado del boxeo profesional —Mohammed Alí encendió la llama olímpica— con su futuro, el ucraniano Volodymyr Klychko. Este último venció en la categoría de 91 kg y se convirtió en uno de los pesos pesados más famosos del mundo.

CODO A CODO, HASTA LA VICTORIA

El último día de competición, Josia Thugwane (Sudáfrica) consiguió un oro para su país al ganar la maratón. Terminó solo 3 segundos por delante de Bong-Ju Lee, de Corea del Sur, en la final más reñida de la historia de la maratón olímpica.

UN EXTRATERRESTRE

En Atlanta, los ciclistas profesionales fueron admitidos por primera vez en unos Juegos. El español Miguel Indurain, 5 veces campeón del Tour de Francia, se llevó la medalla de oro en la contrarreloj. Lo llamaban «el Extraterrestre» por su excepcional físico: su capacidad pulmonar era de 8 litros y su frecuencia cardíaca en reposo, de 28 latidos por minuto.

LA NADADORA DE ORO

Amy van Dyken comenzó a nadar como terapia para el asma. La estadounidense nunca dejó de padecer esta enfermedad, ¡pero ganó 4 medallas de oro en Atlanta 1996 y otras 2 en Sidney 2000! Fue la primera mujer estadounidense que ganó 4 oros en unos mismos Juegos Olímpicos.

LA MÁS JOVEN EN EL TATAMI

Sun Hui Kye (Corea del Norte) venció en la categoría de judo femenino de 48 kg. A sus 16 años, se convirtió en la campeona olímpica más joven de la historia de este deporte. Su triunfo marcó la edad mínima para las competiciones futuras en los Juegos.

SÍDNEY

AUSTRALIA, 2000

Australia acogió por segunda vez unos Juegos Olímpicos de verano. La atleta aborigen Cathy Freeman fue quien encendió la llama olímpica, un gesto que subrayó el respeto del país hacia sus pueblos indígenas. Al finalizar la competición, el presidente del Comité Olímpico Internacional, Juan Antonio Samaranch, en su última presidencia de los juegos, los calificó como los mejores de la historia, una opinión que fue ampliamente compartida a nivel mundial.

País ganador:
Estados Unidos – 93 medallas 37 24 32

Atleta ganador:
Ian Thorpe (Australia), natación 3 2

Número de atletas y países:
10.651 atletas – 199 países

Número de deportes:
28 deportes – 300 competiciones

FUEGO Y ORO

La australiana Cathy Freeman ganó la final de la carrera de 400 m. La atleta aborigen superó a sus rivales de Jamaica y Reino Unido para convertirse en la primera atleta en la historia en encender la llama olímpica y, días después, ganar una medalla de oro en los mismos Juegos Olímpicos.

COMO UNA ANGUILA

Éric Moussambani, de Guinea Ecuatorial, se quedó solo en la clasificación de su serie: ganó porque el resto de nadadores cometieron salidas en falso. Éric comenzó a nadar solo 8 meses antes de los Juegos y nunca había visto una piscina de 50 m antes de Sídney. Aun así, por primera vez en su vida completó los 100 m. Pero lo hizo en el tiempo más largo en la historia de los Juegos Olímpicos: 1 minuto y 52 segundos. Fue apodado «la Anguila» por su peculiar manera de nadar.

EL DIFÍCIL CAMINO HACIA EL ÉXITO

Antes de ser nombrada «la mejor nadadora del mundo», Inge de Bruijn sufrió una gran decepción en Barcelona 1992, donde solo pudo ser octava (50 m libres) y novena (100 m mariposa) en las competiciones individuales. La neerlandesa quedó tan afectada que pensó en retirarse. Sin embargo, en Sídney, batió 3 récords mundiales y ganó el oro en los 50 m y 100 m libres y 100 m mariposa.

TORPEDO AUSTRALIANO

Ian Thorpe era alérgico al cloro desde niño. Tuvo que hacer otros grandes sacrificios, como dejar la escuela, para entrenarse para los Juegos. A sus 18 años y con 2 m de estatura, «el Torpedo» comenzó su participación olímpica con una medalla de oro en los 400 m libres. Sumó 2 oros más en los relevos de 100 y 200 m y también 2 medallas de plata.

UN EQUIPO GLORIOSO

El equipo femenino de natación de los Estados Unidos defendió con éxito su título de Atlanta en el relevo 4 x 100 m combinado: en Sídney ganó de nuevo la medalla de oro y estableció un récord mundial por debajo de los 4 minutos. De sus integrantes, Jenny Thompson se consagró como campeona olímpica por octava vez, Amy Van Dyken por sexta y Dara Torres por cuarta.

DESPEDIDA DEL TRICAMPEÓN

El peso pesado cubano Félix Savón se convirtió en el segundo boxeador en ganar 3 medallas de oro en la misma categoría de peso y el primero en ganar 6 títulos de campeón mundial en boxeo aficionado. Al año siguiente, una nueva regla que prohibía la competición para aficionados mayores de 34 años lo forzó a retirarse del boxeo de alto nivel.

«¡CUIDADO CON LOS TIBURONES!»

Este titular en un diario local en vísperas de la competición de triatlón femenino impactó a algunas atletas que decidieron retirarse. La ganadora fue Brigitte McMahon (Suiza). En la carrera de triatlón masculino, Simon Whitfield (Canadá) se cayó de la bicicleta, como otros 15 corredores, pero ganó igualmente el oro.

UNA HISTORIA DE SUPERACIÓN

La ciclista neerlandesa Leontien Zijlaard van Moorsel tuvo que superar importantes trastornos alimentarios antes de alcanzar el éxito en los Juegos Olímpicos de Sídney 2000. En Australia, logró 3 medallas de oro: en la carrera en ruta, la contrarreloj y la persecución individual de 3.000 m. Además, se llevó la plata en la carrera por puntos.

A CARRERA DIARIA

De niño, Haile Gebrselassie corría cada día 10 km para ir a la escuela y 10 más para volver a su granja de las Tierras Altas de Etiopía. Esta dura vida lo convirtió en doble campeón olímpico. En la final de los 10.000 m, el mítico corredor superó a su gran rival, el keniata Paul Tergat, por solo 0,09 segundos en una sensacional última zancada.

DE LA PISTA AL HIELO

Según sus entrenadores, el ciclista alemán Robert Bartko perdía muchas carreras por estrés. Pero en Sídney se mostró invencible. Ganó el oro en las pruebas de persecución individual y por equipos. Tras retirarse del ciclismo, Bartko entrenó a patinadores alemanes para los Juegos de invierno de Pieonchang 2018.

BATALLA CONTRA UN WOMBAT

Los australianos eligieron a Syd el ornitorrinco, Olly el cucaburra y Millie el equidna como mascotas que representaban el agua, el aire y la tierra. Al mismo tiempo, una mascota no oficial, el wombat Fatso, se hizo tan popular que el COI intentó prohibir que los atletas utilizaran su imagen para no destronar a sus colegas «oficiales».

UN MATE PARA LA HISTORIA

Los estadounidenses ganaron su duodécima medalla de oro en baloncesto al derrotar a Francia en la final por 85-75. Pero lo que pasó a la historia de ese partido fue el sensacional mate de la estrella de la NBA Vince Carter, pasando por encima del gigante Frédéric Weis, pivot francés de 2,17 m.

TODO A SU TIEMPO

Dong Fangxiao contribuyó a que el equipo de gimnasia femenino de China se llevara el bronce en el concurso completo por equipos en Sídney. Sin embargo, una década después el COI descubrió que Fangxiao era menor de la edad permitida, 14 años, en el momento de competir, y despojó al equipo entero de sus medallas olímpicas.

UNIÓN Y EXCLUSIÓN

Corea del Sur y Corea del Norte marcharon juntas en la ceremonia de apertura, bajo una bandera diseñada para la ocasión: un mapa azul de la península coreana sobre fondo blanco. El único miembro ausente del COI fue Afganistán, por violar los derechos de las mujeres y prohibir el deporte.

GRANJERO LUCHADOR

El futuro campeón olímpico Rulon Gardner pasó su infancia en una granja, ordeñando vacas y cortando heno. En la final de lucha grecorromana, el granjero Gardner venció al campeón ruso, invicto durante 13 años. Gardner fue la mayor sorpresa en el deporte estadounidense de estos Juegos.

OPORTUNIDAD PERDIDA

Un fallo en el equipamiento de gimnasia provocó caídas de varias atletas durante la prueba de salto. Se les dio una segunda oportunidad, pero la china Kui Yuanyuan y la estadounidense Kristen Maloney ya estaban lesionadas, así que Andreea Răducan, de Rumanía, se llevó el oro, aunque la medalla le sería retirada poco después por dopaje.

DOPAJE DESVELADO

Un año antes de los Juegos de Sídney se creó la Agencia Mundial Antidopaje. Los escándalos comenzaron pronto: 28 atletas de China fueron expulsados incluso antes del inicio de los Juegos, y los levantadores de pesas búlgaros Izabela Dragneva, que ganó un oro, e Ivan Ivanov, con una plata, tuvieron que devolver sus medallas en Sídney. En las citas olímpicas siguientes se irían sumando muchos otros casos famosos.

RÁPIDA Y ÁGIL

La judoca japonesa Ryoko Tani ganó su primera medalla de oro en la categoría de 48 kg. Sus familiares no aprobaban su carrera deportiva, pero a pesar de la falta de apoyo familiar en sus inicios, Tani se ganó el afecto de muchos japoneses y llegó a reunirse con el emperador Akihito.

HERMANAS DEL ÉXITO

Las tenistas estadounidenses Serena y Venus Williams, hermanas, ganaron el oro en dobles y consolidaron su estatus de estrellas del tenis mundial. Venus se alzó también con el oro en el torneo individual. Las hermanas Williams fueron entrenadas por su padre desde pequeñas. Él las preparó para el éxito y ambas supieron aprovecharlo copando las medallas del tenis femenino en Sídney 2000.

CAMERÚN TRIUNFA EN EL FÚTBOL

En el fútbol masculino, África reinó otra vez: después de la victoria de Nigeria en Atlanta, Camerún ganó el oro en Sídney. En la final, el equipo camerunés remontó un 0-2 contra España y ganó el partido en los penaltis. Entre los ganadores estaba el delantero de 19 años Samuel Eto'o, quien 6 años después ganaría la Liga de Campeones de Europa con el FC Barcelona.

ATENAS

GRECIA, 2004

Grecia, histórica cuna de los Juegos Olímpicos, fue la anfitriona en 2004, por segunda vez desde la recuperación de las Olimpiadas en 1896. En palabras del COI, fueron «unos Juegos inolvidables, de ensueño», y con grandes éxitos en las competiciones, a pesar de las dificultades previas en la construcción de las infraestructuras olímpicas. Tradicionalmente, Grecia encabeza el desfile y el equipo anfitrión va el último, pero como en esta ocasión era también la anfitriona, ocupó ambas posiciones: el levantador de pesas Pyrros Dimas abrió el desfile y el resto de los atletas griegos lo cerraron.

País ganador:
Estados Unidos – 101 medallas 36 39 26

Atleta ganador:
Michael Phelps (Estados Unidos), natación 6 2

Número de atletas y países:
10.625 atletas – 201 países

Número de deportes:
28 deportes – 301 competiciones

UN GUIÑO A LOS ORÍGENES

En homenaje a los Juegos Olímpicos antiguos, la competición de lanzamiento de peso se celebró en la ciudad de Olimpia. Un viejo estadio sin asientos para los espectadores albergó esta disciplina deportiva. Por otro lado, el Estadio Panatenaico, histórico escenario de los primeros Juegos modernos en 1896, acogió el tiro con arco y la llegada de la maratón, con inicio en la ciudad que da nombre a la carrera.

EL TIBURÓN DE BALTIMORE

El nadador estadounidense Michael Phelps hizo historia en Atenas 2004. A sus 19 años, estableció un nuevo récord olímpico al colgarse 8 medallas en unos Juegos: 6 de oro y 2 de bronce. El Tiburón de Baltimore es considerado el mejor nadador de todos los tiempos. En su larga carrera deportiva mejoró esta marca en Pekín 2008, donde sus 8 medallas fueron todas de oro.

ATAQUE AL LÍDER

Cornelius *Neil* Horan, un ex sacerdote perturbado conocido por irrumpir en eventos deportivos dio un empujón al líder de la maratón, el brasileño Vanderlei de Lima. El atleta, que estaba a 6 km de la meta, perdió el ritmo por este incidente y terminó tercero. Vanderlei de Lima fue galardonado con la Medalla Pierre de Coubertin en reconocimiento a su espíritu olímpico.

UNA OLA SE ABRE PASO

El windsurfista Gal Fridman, cuyo nombre significa «ola» en hebreo, ganó el primer oro olímpico en la historia de Israel, en la clase Mistral de vela, modalidad de windsurf. Friedman ya había obtenido 1 medalla de bronce en Atlanta 1996 en esta misma clase náutica. La vela es el segundo deporte que más éxitos ha proporcionado a Israel después del judo.

LA VETERANÍA ES UN GRADO

Kelly Holmes, corredora británica, no tuvo rival en las pruebas de 800 m y 1.500 m en Atenas 2004. A sus 34 años, se convirtió en la deportista más veterana en ganar ambas carreras en unos mismos Juegos.

LUZ Y SABIDURÍA

Atenas 2004 tuvo 2 mascotas hermanas. Estaban inspiradas en una estatuilla griega antigua del siglo VII a.C. descubierta en unas excavaciones arqueológicas. En honor a los dioses olímpicos, recibieron los nombres de Febo (Apolo) y Atenea, y personificaban la luz y la sabiduría.

LA CARRERA DEL SIGLO

Así es como llamó la prensa a la final de los 200 m libres de natación, en la que Ian Thorpe, de 21 años, venció a otros dos «monstruos» de este deporte: Pieter van den Hoogenband (plata) y Michael Phelps (bronce). En estos mismos Juegos, Thorpe obtuvo otro oro en los 400 m libres, fue bronce en los 100 m libres y plata en los relevos 4 x 200 m libres. Debido a una enfermedad y a la falta de motivación, abandonó su carrera deportiva en 2006.

COLECCIONISTAS DE MEDALLAS

Jenny Thompson, nadadora estadounidense, terminó su larga trayectoria olímpica sumando 2 medallas más (de plata) en Atenas 2004. Compartió junto con la piragüista alemana Birgit Fischer el segundo lugar entre las mujeres con 8 medallas de oro en los Juegos Olímpicos. Ganó 12 medallas olímpicas en total.

EL ÚNICO REPRESENTANTE

En la calurosa Olimpia, Oliver Geissmann, único deportista de la delegación de Liechtenstein, desfiló solo, pero con orgullo, en la ceremonia de apertura. En estos Juegos Olímpicos, compitió en la disciplina de tiro con rifle de aire a 10 m, y quedó vigesimosegundo.

POLÉMICA EN SALTO ECUESTRE

El alemán Ludger Beerbaum había ganado 5 veces la modalidad de salto ecuestre. Sin embargo, en Atenas 2004 perdió la medalla de oro ganada, ya que se detectó una sustancia prohibida en su caballo. Aunque no proporcionaba ventajas competitivas, debido a este hecho el equipo alemán descendió al tercer puesto.

SUFRIR HASTA EL FINAL

Si bien todos los contratiempos quedaron resueltos antes del inicio de los Juegos, desde la aprobación de la candidatura de Atenas hasta la inauguración de la cita olímpica los organizadores se enfrentaron a numerosos problemas. La construcción de muchas instalaciones e infraestructuras se retrasó y al menos 14 trabajadores murieron durante las obras. También hubo huelgas de empleados de hoteles, de conductores y de médicos.

DEBUT DE LA LUCHA LIBRE FEMENINA

La lucha femenina hizo su primera aparición en unos Juegos Olímpicos en categoría femenina, en la que se celebraron competiciones en 4 categorías de peso. La ucraniana Irina Merleni fue la primera deportista en ganar 1 medalla de oro en esta disciplina, en la categoría de peso más ligero.

TRES VECES 50

El atleta Robert Korzeniowski, de Polonia, venció en la carrera de marcha de 50 km. ¡Era la tercera vez consecutiva que Korzeniowski se llevaba la medalla de oro a casa! En las Olimpiadas de Sídney 2000 se impuso en marcha de 20 km y de 50 km, convirtiéndose en el primero en ganar ambas distancias en los mismos Juegos. También es el atleta polaco con más medallas de oro olímpicas (4).

CENSURA EN LA TRANSMISIÓN

Por primera vez, se permitió a las cadenas de radio y televisión la transmisión de los Juegos por Internet. En la mayoría de los casos, se ofreció la ceremonia de apertura completa. Pero Estados Unidos y otros países censuraron el momento en que aparecía en escena el personaje de una sacerdotisa minoica con el pecho descubierto.

NOGUCHI, LA DE PIES LIGEROS

La corredora japonesa Mizuki Noguchi triunfó en la maratón. Llegó 12 segundos por delante de la entonces campeona mundial, la keniata Catherine Ndereba. Luvsanlkhündegiin Otgonbayar, de Mongolia, terminó en último lugar, más de una hora por detrás de la vencedora.

ESTUPENDO DOBLETE

El mediofondista marroquí Hicham El Guerrouj logró igualar el histórico doblete de Paavo Nurmi en París 1924 al ganar las carreras de los 1.500 m y 5.000 m en unos mismos Juegos Olímpicos. Hicieron falta 80 años para que alguien alcanzara al inolvidable Nurmi, apodado «el finlandés volador».

REMANDO HACIA LA HISTORIA

En sus últimas Olimpiadas —las sextas para ella—, la piragüista alemana Birgit Fischer ganó el oro en K4 500 m y fue medalla de plata en K2 500 m. Es la primera mujer que ha logrado ganar el oro en 6 Juegos Olímpicos diferentes, y la primera en haberlos obtenido en un lapso de 24 años: el primero a los 18 años y el último a los 42.

¿ALGUIEN HA VISTO LA MEDALLA?

El remero neerlandés Simon Diederik olvidó su medalla de plata en un taxi. Tras una intensa búsqueda, con la ayuda de la policía, para localizarla en alguno de los 5.000 taxis de la ciudad, el conductor devolvió personalmente la medalla y recibió un premio especial del COI por su honestidad.

WANTED

PEKÍN

CHINA, 2008

En 2008, la capital de la República Popular de China se convirtió por primera vez en la anfitriona de unos Juegos Olímpicos, un evento que el país utilizó como plataforma para mostrar su ascenso como potencia global. China invirtió enormes cantidades de dinero en renovar sus infraestructuras y construir instalaciones olímpicas de última generación. Este esfuerzo culminó con su liderazgo en el medallero.

País ganador:
China – 100 medallas 48 22 30

Atleta ganador:
Michael Phelps (EE. UU.), natación 8

Número de atletas y países:
10.942 atletas – 204 países

Número de deportes:
28 deportes – 302 competiciones

ICONO DE LOS 5.000 Y LOS 10.000

Kenenisa Bekele, de Etiopía, ganó el oro y estableció récords olímpicos en los 10.000 m y 5.000 m. Es el primer y único atleta en ser «coronado» como campeón olímpico y mundial en carreras al aire libre, en pista cubierta y campo a través.

DEBUT Y CONSAGRACIÓN

Zou Kai, en sus primeros Juegos Olímpicos, se convirtió en el atleta más laureado de China. Ganó el oro en los ejercicios de suelo y barra fija y también por equipos. Una de las medallas de Kai fue subastada posteriormente para ayudar a las víctimas del terremoto en Sichuan. En Londres 2012, Kai agregó 2 oros más y 1 bronce a su colección.

AGUA Y ORO

El estadounidense Michael Phelps, «la Bala (o el Tiburón) de Baltimore» no solo ganó 8 medallas de oro en los Juegos Olímpicos de Pekín 2008, sino que también estableció un récord al conseguir el mayor número de oros en una sola edición de los Juegos. Todavía hoy es el deportista olímpico más condecorado de todos los tiempos, con un total de 28 medallas.

BRAZA JAPONESA

Kosuke Kitajima (Japón) defendió con éxito sus títulos er los 100 y 200 m braza y batió el récord del mundo de 100 braza, parando el crono por primera vez por debajo de 59 segundos. Se convirtió en el primer nadador japonés en ganar doble oro en dos Juegos consecutivos

ENTRE HISTORIA Y MODERNIDAD

La vanguardia y la historia se unieron durante los Juegos. Los recién construidos Nido de Pájaro (Estadio Olímpico Nacional) y el Cubo de Agua (Centro Acuático Nacional) fueron ejemplos vanguardistas de arquitectura deportiva y símbolos del nuevo Pekín. El recorrido de la carrera de ruta en ciclismo pasó por la Gran Muralla China y frente a la Ciudad Prohibida, enlazando el pasado milenario con el presente olímpico.

BARBIE DE ORO

Las esgrimistas chinas de sable eran las favoritas en el encuentro final por equipos contra las ucranianas y tenían mejor puntuación. La diferencia alcanzó los 10 puntos, hasta que Olha Jarlán, de 17 años, logró 9 aciertos seguidos y luego el decisivo. El trío ucraniano ganó el oro. En 2020, Olha se convirtió en prototipo de la muñeca Barbie, que formaba parte de la serie Barbie Role Models.

CABALLERO SOBRE RUEDAS

Reino Unido triunfó en la pista de ciclismo con 5 de las 7 medallas de oro masculinas y 2 de las 4 femeninas, además del oro en la carrera de ruta femenina. La estrella del velódromo fue Chris Hoy, que se convirtió en el primer británico en 100 años en ganar 3 medallas de oro en una Olimpiada. Recibió el título de caballero y con humor dijo: «Convertirse en caballero por andar en bicicleta es una locura».

ESPÍRITU DE EQUIPO

Los Juegos Olímpicos de Pekín resultaron ser un gran éxito para los equipos estadounidenses, que destacaron especialmente en los relevos de 4 x 400 m tanto masculinos como femeninos. Además, los equipos de voleibol masculino, baloncesto masculino y femenino, voleibol de playa femenino, fútbol femenino y el equipo de remo de 8 femenino consiguieron medallas de oro.

REINA DEL SALTO

Guo Jingjing, participante en 4 Juegos Olímpicos y ganadora de dos medallas de oro en salto de trampolín en Atenas 2004, ganó 2 medallas de oro más en Pekín. Con un total de diez campeonatos mundiales y una carrera olímpica que comenzó en Atlanta 1996 a los 14 años Guo se ha consolidado como una leyenda en su especialidad.

UN ANILLO EN LA ARENA

Durante un partido de voleibol de playa, la estadounidense Kerri Walsh perdió su anillo de boda, que finalmente fue encontrado después de una exhaustiva búsqueda con un detector de metales. Kerri y Misty May ganaron su segunda medalla de oro olímpica en Pekín. Desde entonces, Kerri ha usado cinta adhesiva para fijar el anillo en su dedo. En Londres 2012, consolidó su éxito con un tercer oro.

EL GENIO DEL BARÇA

El FC Barcelona no quería dejar ir a su genio futbolístico y su mayor tesoro, Lionel Messi, a Pekín. Sin embargo, el nuevo entrenador del club, Pep Guardiola, apoyó al joven jugador, de 21 años. En semifinales, Argentina derrotó al Brasil de Ronaldinho y, en la final, superó la resistencia de las «Super Águilas» nigerianas y obtuvo la medalla de oro en fútbol.

NO TODO LO QUE BRILLA ES ORO

El número 8 se considera de buena suerte en China, por lo que la ceremonia de apertura comenzó a las 8:00 de la tarde del 8 de agosto de 2008. Sin embargo, el plan de elevar la llama olímpica en el Everest se vio obstaculizado por manifestaciones tibetanas reclamando la autonomía de la región y críticas internacionales a la represión policial.

JUVENTUD Y EXPERIENCIA

La nadadora camerunesa Antoinette Guedia Mouafo, de 12 años, fue la atleta más joven en Pekín. Pasó toda su infancia entrenando en una piscina de 25 m, y antes de los Juegos, solo había competido una vez en 50 m. Por otro lado, la 4 veces campeona olímpica Dara Torres (EE. UU.) ganó 3 medallas de plata a los 41 años, convirtiéndose en la nadadora olímpica más veterana en alcanzar el podio.

TRIUNFO FAMILIAR

Los gemelos Peter y Pavol Hochschorner, de Eslovaquia, ganaron su tercera medalla de oro consecutiva en eslalon de piragua doble. Un logro sin precedentes en esta categoría. Los hermanos crecieron en una familia de piragüistas: sus padres también compitieron en este deporte. Además, su padre era su entrenador y su hermana su mánager.

VETERANO ECUESTRE

Ian Millar, jinete canadiense de 61 años, ganó su única medalla olímpica, una plata, en la competición de salto ecuestre por equipos. Millar se distingue por ser el único atleta que ha competido en ¡10 Juegos Olímpicos! Desde su primera participación, en Múnich 1972, hasta la última, en Londres 2012, únicamente estuvo ausente en Moscú 1980 por el boicot.

RAYO BOLT

Usain Bolt, apodado «Rayo Bolt», ganó 3 medallas de oro en Pekín: en los 100 m y 200 m, y en el relevo de 4 x 100 m. El jamaicano fue reconocido como el mejor atleta de todos los tiempos. Desgraciadamente, más tarde se le retiró la medalla dorada en la prueba de relevos 4 × 100 m al comprobarse que uno de los integrantes del equipo había dado positivo en una prueba de dopaje.

RÉCORD VIGENTE

La rusa Yelena Isinbáyeva ganó su segunda medalla de oro olímpica en salto con pértiga. Estableció el récord mundial actual hace más de 10 años al saltar una altura de 5,06 m en 2009. También ostenta el récord olímpico (5,05 m), que logró en los Juegos de Pekín. Ha batido el récord mundial en pista cubierta 13 veces, el récord mundial al aire libre 17 veces y es la primera mujer en saltar más de 5 metros.

RÉCORD DE RÉCORDS

En natación, se registraron 65 récords olímpicos y 25 mundiales gracias al uso por primera vez del LZR Racer, un traje especial de natación desarrollado por la NASA y el Instituto Australiano del Deporte. En total, se establecieron 125 récords olímpicos en los Juegos, incluyendo 37 récords mundiales.

PODERÍO FEMENINO JAMAICANO

Las atletas femeninas de Jamaica, la «tierra de manantiales», hicieron que la nación isleña se sintiera orgullosa: Shelly-Ann Fraser-Pryce ganó el oro en los 100 m; Veronica Campbell-Brown, en los 200 m; Melaine Walker en los 400 m vallas. Por equipos, las atletas también aportaron 4 medallas de plata y 2 de bronce al medallero de Jamaica.

NADAL SE LLEVA LA MEDALLA

El tenista español Rafael Nadal, vencedor de 22 torneos de Grand Slam, ganó su primera medalla de oro olímpica en Pekín. La segunda la obtendría en Río 2016, en dobles. El 2008 fue un año increíble para Nadal, número 1 de la ATP y condecorado con el Premio Príncipe de Asturias de los Deportes.

LONDRES

REINO UNIDO, 2012

En la votación para elegir la sede de los Juegos Olímpicos de 2012, Londres se impuso sobre Moscú, Madrid, París y Nueva York, convirtiéndose en la primera ciudad en organizar las Olimpiadas por tercera vez. Menos de un día después de la elección, una serie de ataques terroristas golpearon la capital británica y mataron a 52 personas. El presupuesto de seguridad de Londres 2012 alcanzó cerca de 1.000 millones de euros. En total, se gastaron casi 15.000 millones de euros en la organización del acontecimiento. Fueron los primeros Juegos en la historia en los que las mujeres compitieron en todos los deportes. Arabia Saudí, Catar y Brunéi incluyeron a atletas femeninas por primera vez.

País ganador:
EE. UU. – 104 medallas 48 26 30

Atleta ganador:
Michael Phelps (EE. UU.), natación 4 2

Número de atletas y países:
10.568 atletas – 204 países

Número de deportes:
26 deportes – 302 competiciones

EFECTOS ESPECIALES REALES

La ceremonia de apertura, dirigida por el ganador de un Oscar Danny Boyle, dejó una impresión imborrable en el mundo. Cabe destacar el encuentro de la reina Isabel II con Daniel Craig como el agente 007 y su salto en paracaídas desde un helicóptero. ¡Por supuesto, fue un doble quien saltó!

SERENA, INVENCIBLE

La tenista estadounidense Serena Williams ganó el torneo individual. Con este triunfo completó un Golden Slam de carrera deportiva (4 torneos de Grand Slam y un oro olímpico). Al día siguiente, Serena ganó también el oro en dobles, junto con su hermana Venus, y se convirtió en la primera tenista en la historia en ganar el Golden Slam de carrera en individuales y en dobles.

ORO HISTÓRICO

La británica Nicola Adams fue la primera mujer en la historia en ganar un título olímpico de boxeo. Su victoria la llevó a ser nombrada «la persona LGBT más influyente del Reino Unido» por el periódico *The Independent*. Adams repitió su triunfo en Río 2016, consiguiendo su segundo oro olímpico.

MANTENIENDO EL ORDEN PÚBLICO

Antes de la final de los 100 m, alguien lanzó una botella a Usain Bolt desde las gradas. Edith Bosch, una judoca neerlandesa y medallista de bronce en los Juegos, derribó al atacante y lo entregó a la policía. El jamaicano Bolt se convirtió en el primer velocista en ganar los 100 y 200 m en dos Juegos Olímpicos consecutivos. También ganó en relevos 4 x 100 m, estableciendo un récord mundial.

COLECCIONISTA DE ORO

Stephen Kiprotich fue el menor de 7 hermanos en una familia de campesinos ugandeses. Se mudó a Kenia de adolescente para practicar atletismo. Además de entrenar, trabajaba recolectando frutas y verduras. Corrió su primera maratón en 2011. En Londres, venció sensacionalmente a los favoritos para ganar la segunda medalla de oro olímpica en la historia de Uganda. En 2016, Stephen se interpretó a sí mismo en la película *SIPI*.

OLIMPISMO REAL

La nieta mayor de la reina británica, Zara Phillips, ganó una medalla de plata como miembro del equipo ecuestre británico. Fue la segunda mujer de la familia real británica que compitió en las Olimpiadas. La primera fue su madre, la princesa Ana, que también participó en el evento ecuestre en los Juegos de 1976 y terminó en el puesto 24.

NEW WR

ERRORES OLÍMPICOS

La Orquesta Filarmónica de Londres pasó 50 horas en el estudio grabando los himnos de los 204 países participantes en los Juegos. Sin embargo, a veces los organizadores cometían grandes errores: por ejemplo, en una de las sesiones de entrenamiento, los chinos salieron con el himno de Chile. Antes del partido de fútbol entre los equipos femeninos de Corea del Norte y Colombia, se mostró la bandera de Corea del Sur en lugar de la norcoreana.

ACCIDENTE DE MEDALLA

El judoca brasileño Felipe Kitadai valoraba tanto la medalla de bronce de Londres que nunca la soltaba. Un día, se le cayó en la ducha y quedó dañada por el golpe. A petición suya, el COI le entregó una nueva, ya que disponen de medallas de repuesto para situaciones como esta.

RELEVO DE RÉCORD

Cuando Carmelita Jeter cruzó la línea de meta en relevos 4 x 100 m femenino, miró fijamente el cronómetro junto a la pista. Mostraba el récord mundial del conjunto estadounidense, que mejoró en 0,55 segundos el logro de Alemania Oriental en 1985. El equipo se resarció completamente del fracaso en los Juegos de Pekín, donde perdieron el testigo en las semifinales.

VICTORIA DEDICADA

El corredor Félix Sánchez, que en Atenas 2004 ganó la primera medalla de oro olímpica en la historia de la República Dominicana, ganó nuevamente los 400 m vallas en Londres. El primer día de competición falleció su abuela, así que, en la final, Sánchez corrió con una foto de ella en su pecho. Cuando fue anunciado como ganador, colocó la foto en la pista y la besó.

DE HÉROE A ASESINO

En Londres, Oscar Pistorius (Sudáfrica) se convirtió en el primer corredor con extremidades amputadas en participar en las Olimpiadas. Alcanzó las semifinales en los 400 m y en relevos 4 x 4 00 m. Su estatus como 6 veces campeón paralímpico no lo protegió cuando mató a su novia Reeva Steenkamp un año después: Oscar fue condenado a 15 años de prisión.

EMBLEMA POLÉMICO

Todos criticaron el logo de las Olimpiadas 2012. Algunos vieron el logotipo de las SS nazis en la creación de la compañía Wolff Olins. Irán casi boicotea los Juegos porque, según ellos, la forma irregular de los números deletreaba la palabra «Zion», lo que representaba una velada conspiración proisraelí. Además, el logo fue vinculado a incidentes de ataques epilépticos poco después de su lanzamiento en televisión.

EL DREAM TEAM EN ACCIÓN

El equipo masculino de baloncesto de los Estados Unidos, liderado por estrellas como Kobe Bryant, LeBron James y Carmelo Anthony, ganó la medalla de oro olímpica por segunda vez consecutiva. En la final, los estadounidenses rompieron la poderosa resistencia de España con un resultado de 107-100. El Dream Team terminó el torneo invicto y estableció un récord olímpico de 156 puntos en el partido contra Nigeria.

EL PRECIO DE LA VICTORIA

En los Juegos de 2012, Michael Phelps añadió a su colección 4 medallas de oro y 2 de plata, elevando su total a 18 oros y 22 medallas en general, un récord absoluto. A pesar de estos logros, el deportista admitió sufrir depresión. Dijo que quería dejar de nadar, aunque después de un descanso de casi 2 años cambió de opinión y siguió compitiendo.

4 DE AGOSTO

En este día, los británicos Greg Rutherford y Jessica Ennis ganaron en salto de longitud y heptatlón, respectivamente. El también británico Mo Farah, especializado en carreras de larga distancia, completó triunfalmente los 10.000 m. La tarde del 4 de agosto en Londres se considera la mejor en la historia del atletismo británico.

HA NACIDO UNA ESTRELLA

Los Juegos de 2012 fueron los primeros en la carrera de Katie Ledecky, de 15 años, futura poseedora de 14 récords mundiales. La miembro más joven del equipo estadounidense se llevó el oro en los 800 m libres, donde ganó con el segundo mejor tiempo del evento hasta entonces.

PULSO COSACO

oxeador ucraniano Oleksandr Usyk, con el corte pelo tradicional cosaco *oselédets*, celebró su toria en la final de los Juegos con un espectacular le del tradicional *hopak* ucraniano. Más tarde, yk pasó al deporte profesional y se convirtió el campeón de peso crucero de la OMB, spués de lo cual empezó a recolectar títulos la categoría de peso pesado.

MISSY EL MISIL

Además de Michael Phelps, el equipo de Estados Unidos tenía otra estrella de la natación: Missy Franklin, de 17 años, que ganó 4 oros, con récord mundial en los 200 m espalda, y 1 bronce. Su padre la apodó Missy el Misil y decía que «nació con aletas incorporadas en los pies». Calza un 46.

DERROTA DE LOS PENTACAMPEONES

A pesar de sus 5 títulos mundiales, Brasil nunca había ganado el oro olímpico en fútbol. En la final de los Juegos de Londres, contra México, los pentacampeones eran considerados los favoritos indiscutibles, pero perdieron 2-1. La selección mexicana de fútbol se convirtió en campeona olímpica por primera vez en la historia.

DULCE REVANCHA OLÍMPICA

Menos de un mes después de perder contra Roger Federer en la final de Wimbledon, el británico Andy Murray tuvo su revancha. Aprovechó la oportunidad al máximo, venciendo al tenista suizo en tres sets (6–2, 6–1, 6–4) en el partido por el oro olímpico.

RÍO DE JANEIRO

BRASIL, 2016

Por primera vez en la historia, los Juegos Olímpicos se celebraron en América del Sur: Río de Janeiro superó a Madrid, Chicago y Tokio en la votación. Brasil ganó el derecho a organizar los Juegos en su quinto intento. En términos deportivos, las Olimpiadas de Río 2016 fueron increíbles: se batieron casi 100 récords mundiales y olímpicos. También sobresalieron en términos de seguridad. Durante los Juegos, y debido a la alta tasa de criminalidad en el país, se desplegaron alrededor de 85.000 soldados y oficiales de policía, la fuerza de seguridad más grande jamás reunida para un evento en la historia de Brasil, duplicando la desplegada en Londres 2012.

PHELPS CONTRA UN TIBURÓN

Michael Phelps siguió cosechando victorias. Ganó 5 oros y 1 plata, elevando su número total de victorias olímpicas individuales a 13. Al año siguiente, el nadador estadounidense competiría en una carrera de velocidad con un gran tiburón blanco. Aunque usó una aleta de cola de pez para igualar condiciones, perdió por 2 segundos.

País ganador:
EE. UU. – 121 medallas 46 37 38

Atleta ganador:
Michael Phelps (EE. UU.), natación 5 1

Número de atletas y países:
11.238 atletas – 207 países

Número de deportes:
28 deportes – 306 competiciones

ÉXITO DEL PIRAGÜISMO ESPAÑOL

España ganó 4 medallas en piragüismo, 3 de oro y 1 de bronce. El kayakista Saúl Craviotto, con su victoria en K2 200 m junto a Christian Toro y su medalla de bronce en K1 200 m, fue el español más destacado. En Tokio 2020, Craviotto igualó las 5 medallas del canoísta David Cal en la tabla de españoles más laureados en los Juegos Olímpicos.

UN TRIUNFO LARGAMENTE ESPERADO

En Río, Brasil finalmente ganó su primer oro olímpico en fútbol masculino, derrotando a Alemania 5-4 por penaltis en la final después de un largo empate (1-1). El capitán estrella del equipo, Neymar, no solo anotó el primer gol sino que también marcó el penalti decisivo en el legendario Estadio Maracaná.

ORO PARA EL FINAL

Usain Bolt, 8 veces campeón olímpico, terminó su carrera de velocista con medallas de oro en los 100 m y 200 m y relevos de 4 x 100 m. En 2018, Bolt se aventuró en el fútbol con el FC Mariners australiano, y en 2019 dejó el deporte para cofundar una empresa que produce patinetes eléctricos y otros vehículos ecológicos bajo la marca Bolt Mobility.

ELLA DIJO «SÍ QUIERO»

El saltador de trampolín chino Qin Kai, campeón olímpico en 2 ocasiones, le propuso matrimonio a su novia, He Zi, en la piscina olímpica de Río, después de que ella ganara la medalla de plata en salto de trampolín de 3 m.

GIMNASTA N.º 1

«No soy el próximo Usain Bolt o Michael Phelps. Soy la primera Simone Biles», dijo la debutante de Estados Unidos, que ganó 4 oros y un bronce en Río. En Tokio 2020, Simone ganaría 2 medallas más y se retiraría del deporte debido a problemas de salud mental. En 2023, después de 2 años sin competir, Biles regresó para convertirse en la gimnasta más condecorada en la historia de los Campeonatos Mundiales. Hay 5 movimientos de gimnasia nombrados en honor a Simone Biles.

RÉCORD EN TENIS

El torneo de tenis en Río culminó con un triunfo histórico para Mónica Puig, otorgando a Puerto Rico su primera medalla de oro olímpica. Puig, cuyo máximo puesto alcanzado en el *ranking* mundial era el número 33, y que solo contaba con un título de la WTA, logró una victoria sorprendente. En la competición masculina, el británico Andy Murray defendió con éxito su título de Londres 2012, convirtiéndose en el primer tenista en revalidar un oro olímpico.

EL SEGUIDOR OLÍMPICO MÁS LEAL

Para Harry Nelson, un estadounidense de 94 años, los Juegos Olímpicos de Río fueron los decimonovenos a los que asistió en persona. Harry vio los Juegos por primera vez en vivo en Los Ángeles 1932. Cuatro años después, sus padres no le permitieron ir a Berlín. Pero no se ha perdido unos Juegos Olímpicos de verano desde 1948, incluidos los Juegos de 1980 en Moscú a pesar del boicot.

NINGÚN RÉCORD ES ETERNO

En los 400 m, el sudafricano Wayde van Niekerk batió el récord mundial y olímpico del estadounidense Michael Johnson, establecidos en 1999 y 1996 respectivamente. El nuevo poseedor del récord había sido entrenado por su bisabuela, quien, a la edad de 74 años, fue un miembro clave del equipo de entrenadores de Van Niekerk en Río.

CAMPEÓN DE MENTIRAS

Durante los Juegos, el nadador estadounidense Ryan Lochte, el segundo más condecorado en la historia después de Michael Phelps, afirmó que él y 3 compañeros habían sido asaltados en una gasolinera. Más tarde se reveló que habían inventado la historia para encubrir un altercado por embriaguez. Como resultado, Lochte fue suspendido durante 10 meses por el COI y la natación de EE. UU. por su mentira.

«¡EN EL BLANCO!»

Corea del Sur ganó las 4 medallas de oro en tiro con arco, confirmando su indiscutible dominio en el deporte. De las 36 medallas de oro de tiro con arco otorgadas en los últimos 9 Juegos Olímpicos, los surcoreanos han ganado 23.

LA NUEVA PHELPS

Cuando estaba en secundaria, Katie Ledecky hizo cola para obtener un autógrafo de su ídolo, Michael Phelps. Cuando la estadounidense ganó 4 medallas de oro y 1 de plata en los Juegos de 2016, fue apodada «la nueva Phelps». Solo Phelps consiguió más medallas que ella en Río. «Cuando la veo nadar, es como un arte. Es hermoso», escribió Michael sobre Katie.

«LA DAMA DE HIERRO»

La nadadora húngara Katinka Hosszú terminó en el puesto 31 en Atenas 2004; 12° y 17° en Pekín 2008; 4°, 8° y 9° en Londres 2012, y estaba decidida a retirarse. Pero su esposo y su entrenador la persuadieron de quedarse, y no resultó en vano: en Río, Hosszú ganó 3 medallas de oro y 1 de plata. Posteriormente, lanzó la colección de trajes de baño Iron Lady (Dama de Hierro) y abrió su propio club, Team Iron, en Hungría.

COHETE HÚNGARO

La piragüista húngara Danuta Kozák añadió 3 medallas de oro a sus logros anteriores: había ganado la plata en Pekín 2008 y fue bicampeona en Londres 2012. En Tokio 2020, Danuta añadiría otra medalla más de oro y 1 de bronce, convirtiéndose en la olímpica húngara con más medallas de oro.

LUCHADORA INVENCIBLE

La luchadora japonesa Kaori Ichō es una leyenda en la lucha libre. Ganó el oro en Atenas 2004, Pekín 2008, Londres 2012 y Río 2016 sin perder ni un solo combate. Ichō fue la primera mujer olímpica en ganar 4 títulos consecutivos en el mismo evento. Antes de ella, solo algunos hombres lo habían logrado: los atletas Al Oerter y Carl Lewis, y el nadador Michael Phelps.

TRAVESÍA HEROICA

En la ceremonia de apertura, la nadadora siria Yusra Mardini llevó la bandera al frente del primer equipo de refugiados de la historia, compuesto por 10 atletas. En 2015, durante su huida de Siria, Yusra, junto con su hermana y otros 2 refugiados, tiró de un bote de goma medio desinflado con 16 personas a bordo, ninguna de las cuales sabía nadar, durante varias horas para salvarlas.

TRÍO EN RÍO

Las hermanas estonias Leila, Liina y Lily Luik fueron las primeras trillizas en competir en las Olimpiadas. Las 3 lo hicieron en la maratón. Cabe destacar que también en la maratón compitieron unas gemelas de Corea del Norte, Kim Hye-song y Kim Hye-gyong, que cruzaron la meta juntas, y las gemelas de Alemania Anna y Lisa Hahner que la cruzaron cojidas de la mano.

GENES OLÍMPICOS

Por primera vez en la historia de los Juegos, una madre y su hijo compitieron en el mismo evento: tiro de pistola de aire. Para la georgiana Nino Salukvadze, de 47 años, que ganó el oro en Seúl 1988, los Juegos de Río fueron los octavos de su carrera. Para su hijo, Tsotne Machavariani, de 20 años, fueron los primeros.

LOS BRITÁNICOS DOMINAN

Como en Londres 2012, «God Save the Queen» fue el himno más escuchado en el Velódromo de Río: los británicos ganaron 12 medallas, incluidas 6 de oro. Jason Kenny se convirtió en tricampeón olímpico, elevando su total a seis medallas. En Tokio 2020, agregaría otra medalla de oro y se convertiría en el ciclista olímpico más exitoso de todos los tiempos.

BRONCE DIGNO DE ORO

A los 18 años, Kimia Alizadeh se convirtió en la primera mujer iraní en ganar una medalla olímpica al obtener bronce en taekwondo. Aclamada como heroína en Irán, Kimia abandonó el país en 2020, denunciando ser una de las «millones de mujeres oprimidas» en su país. Posteriormente, en Tokio 2020, compitió para el equipo de refugiados.

TOKIO

JAPÓN, 2020

A principios del año 2020, el mundo fue azotado por la pandemia de COVID-19, que causó la muerte de más de 7 millones de personas en 4 años. En primavera, el COI tomó la decisión sin precedentes de posponer los XXXII Juegos Olímpicos de verano hasta el año siguiente. Aun así, se mantuvo la marca «Tokio 2020» por motivos de marketing. Por primera vez en la historia, los Juegos se llevaron a cabo en un año impar (2021) y sin público.

País ganador:
Estados Unidos – 113 medallas 39 41 33

Atleta ganador:
Caeleb Dressel (EE. UU.), natación 5

Número de atletas y países:
11.420 atletas – 206 países

Número de deportes:
33 deportes – 339 competiciones

RÉCORD DE SEDES OLÍMPICAS

Tokio tuvo un número récord de sedes olímpicas: 42. El número máximo anterior había sido de 37. Se reutilizaron 2 estadios construidos para los Juegos de Tokio 1964: el Nippon Budokan, para las competiciones de judo, y el Estadio Nacional Yoyogi, en el que se disputó el torneo de balonmano.

ENFOQUE SOSTENIBLE

Japón se pasó 2 años recolectando dispositivos electrónicos desechados para fabricar 5.000 medallas olímpicas y paralímpicas recicladas. De los residuos se extrajeron suficientes metales preciosos para los premios. Los podios se construyeron con plástico (botellas de champú usadas y otros envases) y, finalizados los Juegos, fueron reutilizados para empaquetar productos de higiene.

JUVENTUD SOBRE RUEDAS

El *skateboarding*, recién incluido en los Juegos Olímpicos, destacó por la juventud de sus medallistas. Kokona Hiraki, japonesa de 12 años, se llevó la plata en *park*, y el oro fue para su compatriota Sakura Yosozumi, de 13. La también japonesa Momiji Nishiya, de 13 años, triunfó en *street*.

ASUNTO DE FAMILIA

La australiana Emma McKeon nació en el seno de una familia de nadadores. Su padre, Ron, y su hermano, David, también son olímpicos, y su madre, Susie, y su tío, Rob Woodhouse, compitieron en los Juegos de la Mancomunidad de 1982. En 2020, Emma ganó 4 medallas de oro y 3 de bronce. En total, tiene 11 medallas olímpicas, un récord en Australia.

FELIX HIZO HISTORIA

La velocista estadounidense Allyson Felix ganó el bronce en los 400 m y el oro en los 4 x 400 m en Tokio. Con estos triunfos sumó un total de 11 medallas olímpicas (7 de oro, 3 de plata, 1 de bronce) y se convirtió en la deportista más condecorada en la historia del atletismo olímpico. Felix, de 35 años, competía en sus quintos Juegos consecutivos (ganó su primera medalla, de plata, en Atenas 2004).

LOS NIÑOS ELIGIERON

Las mascotas de los Juegos de 2020 son personajes de *anime* japonés, con un diseño inspirado en el periodo Edo. Miraitowa (que significa «futuro» y «eternidad») y Someity («tan poderoso») son sus nombres, que fueron elegidos por estudiantes de primaria de 16.769 escuelas japonesas.

CITIUS, ALTIUS, FORTIUS

CITIUS, ALTIUS, FORTIUS – COMMUNITER

Pierre de Coubertin escuchó por primera vez la frase «Más rápido, más alto, más fuerte» del sacerdote francés Henri Didon durante una competición colegial. Se convirtió en el lema oficial de los Juegos en 1924. Unos días antes de la apertura de los Juegos en Tokio, se añadió la palabra «Juntos» al lema para enfatizar la importancia de la unidad y la solidaridad.

LGBT EN TOKIO

Un número récord de atletas LGBT compitieron en Tokio: al menos 168. Representaron a 25 países diferentes, con una prominente delegación de 34 atletas de Estados Unidos. Los atletas LGBT sumaron 11 medallas y Thomas Daley, de Reino Unido, consiguió ganar 1 oro y 1 bronce en saltos de trampolín.

POR UN DEPORTE LIMPIO

En Tokio, se realizaron un récord de 6.200 pruebas de dopaje: más de un tercio de los atletas fueron examinados al menos una vez. Los participantes en los Juegos también se sometieron a pruebas diarias de COVID, usaron mascarillas y no pudieron comunicarse con la población local. En la ceremonia de premios, los atletas se colgaron sus propias medallas y se prohibieron los apretones de manos y los abrazos.

LA PRIMERA OLÍMPICA TRANS

La levantadora de pesas neozelandesa Laurel Hubbard se convirtió en la primera mujer abiertamente trans en la historia de los Juegos. Antes de realizar su transición, a los 34 años, había competido bajo el nombre de Gavin y había ganado la plata en el Campeonato Mundial de 2017. En Tokio, Hubbard no realizó ningún intento con éxito, a pesar de ser una de las favoritas.

LOS JUEGOS MÁS CAROS DE LA HISTORIA

En los Juegos de Tokio 2020, se gastaron alrededor de 25.000 millones de dólares, casi el triple de los 7.400 millones presupuestados por la candidatura. Tokio estuvo bajo un estado de emergencia durante los Juegos debido a la COVID-19, por lo que, por primera vez, las competiciones se llevaron a cabo sin público y los organizadores perdieron al menos 800 millones de dólares en ingresos por la venta de entradas.

MI LENGUA ES MI PEOR ENEMIGO

El día antes del inicio de los Juegos de 2020, Kentarō Kobayashi, el director principal de la ceremonia de apertura, fue despedido porque se difundió por Internet un discurso suyo grabado en 1998 en el que bromeaba sobre el Holocausto. Anteriormente, Yoshirō Mori había renunciado como presidente del comité organizador por comentarios sexistas: había dicho que las reuniones del comité a menudo se retrasaban por la charlatanería de las integrantes femeninas.

EL BOLSILLO OLÍMPICO

Kevin Durant, alero del equipo de baloncesto estadounidense, se coronó como el atleta mejor remunerado de Tokio 2020. Esta fue la tercera participación de Durant en los Juegos Olímpicos y la tercera vez que se convirtió en campeón, ya que también ganó el oro en 2012 y 2016.

PRODIGIO ITALIANO

En su debut olímpico, el atleta de 26 años Marcell Jacobs se convirtió en el primer italiano no solo en llegar, sino en ganar la final de los 100 m. Más tarde, Jacobs ganó en relevos de 4 x 100 m con su equipo en un triunfo igual de sensacional. Los italianos terminaron segundos en la tabla de medallas de atletismo detrás de los Estados Unidos.

IGUALANDO A BOLT

La corredora jamaicana Elaine Thompson-Herah se convirtió en la primera mujer de la historia y la segunda velocista, después de su compatriota Usain Bolt, en ganar el doble oro consecutivo en velocidad en unos Juegos Olímpicos. En Tokio, triunfó en los 100 m y 200 m, al igual que lo hizo en los Juegos de 2016, y ganó la prueba de relevos de 4 x 100 m con sus compañeras.

DOS OROS Y UNA AMISTAD

En la final de salto de altura, dos amigos, Mutaz Barsham (Catar) y Gianmarco Tamberi (Italia), superaron el listón en 2,37 m. Y ambos fallaron todos los intentos en 2,39 m. Cuando los jueces les ofrecieron un desempate, ambos atletas pidieron compartir el oro, una posibilidad que las reglas permiten.

HEREDERO DE PHELPS

El nadador estadounidense Caeleb Dressel consiguió 5 medallas de oro y se convirtió en la primera persona en ganar en las 3 distancias más prestigiosas, los 50 y 100 m libres y los 100 m mariposa, en unos mismos Juegos. En todas sus competiciones y ceremonias, Caeleb llevó consigo un pañuelo de su maestra de secundaria Claire McCool, quien falleció de cáncer antes de los Juegos de Río, donde Caeleb había ganado su primera medalla de oro olímpica.

LOS ATLETAS DEL ROC

En el contexto de numerosos escándalos de dopaje que involucraron a atletas y funcionarios rusos, en particular la manipulación de muestras en el laboratorio antidopaje de Moscú, el Tribunal de Arbitraje Deportivo (CAS) prohibió a los rusos competir con su bandera e himno. Así que, en Tokio, un equipo de 336 atletas compitió bajo el nombre de ROC (Comité Olímpico Ruso), y en lugar del himno nacional ruso se tocó música de Tchaikovsky.

HÉROES NACIONALES

Flora Duffy fue campeona de triatlón en Tokio, y proporcionó a Bermudas su primera medalla de oro en 85 años de participación olímpica. También Hugues Zango, bronce en triple salto, ganó la primera medalla olímpica en la historia de Burkina Faso.

Primera edición: julio de 2024
Título original: *Книга-мандрівка. Літні Олімпійські ігри*

Corrección: Jordi Ferré
Diseño y maquetación: Joana Casals

ISBN: 978-84-19889-40-9
DL: B 11456-2024
Impreso en Barcelona.

Este producto está elaborado con materiales de bosques con certificado PEFC
y bien gestionados, y con materiales reciclados.